电磁场实验与仿真

许少伦　徐　真　齐文娟　赵子玉　编著

上海交通大学出版社
SHANGHAI JIAO TONG UNIVERSITY PRESS

内容简介

本书为高等学校电气工程及相关专业的实验教材，共分为三部分，分别为实验基础、电磁场实物实验、电磁场仿真实验，并附有主要仪器操作介绍。实验基础介绍了磁场测量方法、实验基本要求和安全注意事项；电磁场实物实验包括磁通球实验、磁悬浮实验、静电除尘实验、环形载流线圈实验和盘式电磁铁实验；电磁场仿真实验是实物实验的拓展，对五个实物实验进行了建模和仿真，并结合实测数据进行对比分析。

本书对实验原理的讲述简明扼要，实验指导可操作性强，可作为高等学校电气工程类专业的教材，也可作为相关专业技术人员的业务参考书。

图书在版编目(CIP)数据

电磁场实验与仿真／许少伦等编著．—上海：上海交通大学出版社，2022.10
ISBN 978-7-313-27349-9

Ⅰ.①电… Ⅱ.①许… Ⅲ.①电磁场—实验—高等学校—教材 ②电磁场—计算机仿真—实验—高等学校—教材
Ⅳ.①O441.4-33

中国版本图书馆 CIP 数据核字(2022)第 156563 号

电磁场实验与仿真
DIANCICHANG SHIYAN YU FANGZHEN

编　　著：许少伦　徐　真　齐文娟　赵子玉
出版发行：上海交通大学出版社
地　　址：上海市番禺路 951 号
邮政编码：200030
电　　话：021-64071208
印　　制：苏州市古得堡数码印刷有限公司
经　　销：全国新华书店
开　　本：787 mm×1092 mm　1/16
印　　张：10.25
字　　数：215 千字
版　　次：2022 年 10 月第 1 版
印　　次：2022 年 10 月第 1 次印刷
书　　号：ISBN 978-7-313-27349-9
音像书号：ISBN 978-7-89424-302-7
定　　价：39.00 元

前言

"电磁场"是高等学校电类本科专业的基础必修课，是"电机学""电机与拖动""电力系统继电保护""电力系统分析"等一系列课程的先修基础课程，为电气专业提供了最基本的理论保障和必需的知识基础，在很多交叉学科领域起着至关重要的作用。学生对该课程的掌握程度将直接影响后续相关专业课程的学习效果。因此，电磁场知识的学习历来被视为高等学校课程中的重点。"电磁场"课程的主要目标是使学生掌握电磁场的物理规律、基本理论和计算分析方法。课程内容主要包括矢量分析；静态电磁场和边值问题求解：电介质中的静电场、导电媒质中的恒定电流电场、磁介质中的静磁场、边值问题、唯一性定理和镜像法；时变电磁场：麦克斯韦方程组、波动方程、坡印亭矢量、电磁能量和时谐电磁场；无界空间中平面电磁波的传播：理想媒质中的均匀平面波、电磁波的极化、均匀平面电磁波在介质和导电媒质中的传播规律等。由于这门课程主要阐述电磁现象的基本规律，涉及的理论知识多依赖深奥的高等数学，有大量的数学推导，理论性强、概念抽象、参数多、公式多，对学生的抽象思维、识记能力、数学能力等都提出了较高的要求。教师在教学过程中发现，仅凭理论描述和发挥想象的教学模式要求学生去深入理解确实有一定的困难。

为了调动学生学习电磁场知识的积极性，增强学生学习电磁场知识的实际效果，有必要引入实物实验，同时结合仿真计算对抽象的知识点进行直观的表现。通过实物实验引导学生观察、思考及分析实验过程和现象，对理论知识进行实验验证，激发其学习兴趣。采用仿真实验可以形象直观地表现空间磁场分布和变化情况，得到清晰、逼真、直观的电磁场表现形式，与实物实验相结合更有助于掌握电磁场的分布特性，加强电磁场理论的学习效果，同时便于进行实验数据、理论数据、仿真数据的一致性分析。

本书围绕电磁场实物实验和仿真实验两部分内容进行编排。第1章为实验基础介绍，包括磁场测量方法、实验基本要求和安全注意事项。第2章介绍磁通球实验、磁悬浮实验、静电除尘实验、环形载流线圈实验和盘式电磁铁实验等五个实物实验。实验内容涵盖静磁场、时变电磁场、电磁力、静电场等电磁场基本内容。其中磁悬浮实验、静电除尘实验、环形载流线圈实验和盘式电磁铁实验均为具有工程应用背景的实验案例。第 3 章介绍实物实验对应的电磁场仿真实验。通过仿真分析与实测数据进行对比验证，同时进行相关影响因素的分析作为实物实验的拓展，培养学生的科学研究能力，以适应当今社会对电气信息类高素质学生培养的需求，进而启迪学生对电磁起重吸盘、磁悬浮列车、电磁炮等电磁工程装置的学习兴趣。仿真实验中用到的相关程序代码可以扫描右方的二维码进行下载。

本书可作为电气工程及其自动化专业“电磁场”课程的实验与仿真用书，也可作为其他相关专业教师、研究生及工程技术人员的参考实验教材。

本书由许少伦、徐真、齐文娟、赵子玉编写，在编写过程中得到了浙江求是科教设备有限公司的大力支持，并获得上海交通大学教材建设基金的资助。倪光正、熊素铭、杨仕友、倪培宏参与了第 2 章电磁场实物实验的设计和编写，上海交通大学出版社的周颖编辑给出了诸多宝贵的修改建议，在此向指导帮助本书编写的各位专家致以衷心的感谢。

由于编写时间仓促，加之编者学术水平及教学经验有限，书中不妥之处在所难免，诚挚希望使用本书的各位读者提出宝贵意见，读者可通过电子邮件 slxu@sjtu.edu.cn 与我们联系。

编　者

2022 年 3 月

目录

第1章 实验基础

电磁场课程理论性强、概念抽象，学生深入理解相关知识有一定的困难。通过实物实验与仿真实验相结合的方法，可以大大提升课程的教学效果，激发学生学习电磁场的兴趣。在进行实验之前，学生需要掌握实验基础知识，了解实验基本要求，明确安全注意事项。本章介绍了比较成熟的磁场测量方法、实验基本要求和实验安全注意事项等内容。

1.1 磁场测量方法

磁场测量技术是研究磁现象的重要手段，在国防、工业、医疗、交通等领域有广泛的应用。目前比较成熟的磁场测量方法有磁力法、电磁感应法、磁饱和法、电磁效应法、磁共振法、超导效应法和磁光效应法等。

1. 磁力法

磁力法是利用被测磁场中的磁化物体或通电线圈与被测磁场之间相互作用的机械力（或力矩）来测量磁场的一种经典方法。以磁力为原理的测量方法虽然传统，但经过继承和发展，目前仍继续应用于地磁场测量、磁法勘探、古地磁的研究等。

按磁力法原理制成的磁场测量仪器可分为磁强计式和电动式两类。其中，以可动的小磁针（棒）与被测磁场之间的相互作用使磁针偏转而构成的磁场测量仪器，称为“磁强计”。这种磁强计可以把磁场的测量直接转化为对磁针在所处水平面内运动的振荡周期和偏转角的测量，它最先用于测量地磁场。利用磁强计能够测量较弱的均匀、非均匀以及变化的磁场，其分辨力可达 10^{-9} T 以上。而利用通电线圈与被测磁场之间相互作用使线圈偏转的原理制成的电动法磁场测量仪器，目前已经被简便的电磁效应磁强计所取代。

2. 电磁感应法

电磁感应法是以电磁感应定律为基础的磁场测量方法，其应用十分广泛，随着电子积分器和电压-频率变换器的应用，磁场的测量范围已扩大为 $10^{-13}\sim10^{3}$ T，测量误差为 0.1%～3%。探测线圈是电磁感应法磁强计的传感器，它的灵敏度取决于铁芯材料的磁导率、线圈的面积和匝数。根据探测线圈相对于被测磁感应强度的变化关系，电磁感应法可以分为固定线圈法、抛移线圈法、旋转线圈法和振动线圈法。

固定线圈法主要用于测量交变磁场，也可测量恒定磁场。由于探测线圈不动，线圈中的感应电动势是由被测磁场的变化引起的。根据测量感应电动势所用仪表的不同，固定线圈法又分为冲击法(用冲击检流计)和伏特表法(用平均值电压表)。其中，冲击法主要用于测量恒定磁场，测量误差为0.5%～1%；而伏特表法多用于测量高频磁场，测量误差约为1%。

抛移线圈法主要用于测量恒定磁场的磁感应强度。当把探测线圈由磁场所在位置迅速移至没有磁场作用的位置时，线圈中感应电动势的积分值与线圈所在位置的磁感应强度值成正比。根据测量电路的不同，测量探测线圈中感应电动势的仪器主要有冲击检流计、磁通表、电子积分器及电压-频率变换器，相应的测量方法也往往按所用测量仪器或装置命名。

旋转线圈法(又称测量发电机法)和振动线圈法是电磁感应法的直接应用，它们主要用于测量恒定磁场。其中，旋转线圈法的磁场测量范围为10^{-8}～10 T，测量误差为0.01%～1%；振动线圈法的测量误差约为1%。

3. 磁饱和法

磁饱和法基于磁调制原理，即利用在交变磁场的饱和激励下处在被测磁场中磁芯的磁感应强度与被测磁场的磁场强度间呈现的非线性关系来测量磁场。这种方法主要用于测量恒定或缓慢变化的磁场，若对测量电路稍加改变，也可测量低频交变磁场。

磁饱和法分为谐波选择法和谐波非选择法两类。谐波选择法只考虑探头感应电动势的偶次谐波(主要是二次谐波)，而滤去其他谐波，具体还可细分为二次谐波选择法和偶次谐波选择法。谐波非选择法不经滤波而直接测量探头感应电动势的全部频谱，它又可细分为幅度比例输出法和时间比例输出法。其中幅度比例输出法因所需测量仪器设备的结构比较复杂、稳定性较差，故并未得到推广。

应用磁饱和法的磁场测量仪器称为磁饱和磁强计，也称为磁通门磁强计或铁磁探针磁强计。磁饱和磁强计从20世纪30年代用于地磁测量以来，经过不断发展与改进，目前仍然是测量弱磁场的基本仪器之一。磁饱和磁强计的分辨力较高(最高可达10^{-11} T)，测量弱磁场的范围较宽(10^{-11}～10^{-3} T)，可靠、简易、耐用且价廉，能够直接测量磁场在空间上的三个分量，并适于在高速运动系统中使用，因此，它广泛应用于如地磁研究、地质勘探、武器侦察、材料无损探伤、空间磁场测量等领域。磁饱和磁强计在航天工程中也有重要应用，例如，可用于控制人造卫星和火箭姿态，还可以测量来自太阳的“太阳风”以及由带电粒子相互作用产生的空间磁场、月球磁场、行星磁场和行星际磁场等。

4. 电磁效应法

电磁效应是电流磁效应的简称。电磁效应法是利用金属或半导体中流过的电流在外磁场作用下产生的电磁效应来测量磁场的一种方法。通常利用的电磁效应有霍尔效应和磁阻效应。

1）霍尔效应法

霍尔效应是指当外磁场垂直于金属或半导体中流过的电流时，会在金属或半导体中垂直于电流和外磁场方向产生电动势的现象。霍尔效应于 1879 年由霍尔首先在金属中发现。但金属材料的霍尔效应很微弱，故一直未得到应用。随着半导体技术的发展，人们发现一些半导体材料的霍尔效应很显著，因此霍尔效应在磁场测量中的应用随之迅速发展。20 世纪 80 年代，随着大规模、超大规模集成电路和微机械加工技术的进步，霍尔组件从平面向三维方向发展，出现了三维甚至四维的固态霍尔传感器，实现了其相应产品加工的批量化、体积的微型化，为霍尔传感器在磁场测量中的普遍应用提供了条件。后来互补金属氧化物半导体(complementary metal oxide semiconductor，CMOS)技术的发展以及制造水平的提高，允许将众多逻辑门、开关和其他有效元器件集成在一块芯片上，又使霍尔传感器的技术提高到新水平，变得更为经济实用。霍尔效应法可以测量 10^{-7}～10 T 范围内的恒定磁场，测量误差为 0.1%～1%；也可以测量频率为 10～100 MHz、磁感应强度达 5 T 的交变磁场，以及脉冲持续时间为几十微秒的脉冲磁场；该方法尤其在小间隙空间内磁场的测量上具有显著的优越性。

2）磁阻效应法

磁阻效应是指在磁场中某些金属或半导体材料的电阻随磁场增加而增大的现象。而所谓“磁阻”，就是由外磁场的变化而引起的电阻变化。磁阻效应在横向磁场和纵向磁场中都能观察到。利用这一效应，可以很方便地通过测量相应材料电阻的变化间接实现对磁场的测量。

伴随着一些新材料的研制，人们又相继发现了巨磁阻效应和巨磁阻抗效应，基于它们的磁测量技术也得到了较深入的研究。巨磁阻效应是指在一定的磁场下电阻急剧减小的现象，一般电阻减小的幅度比通常磁性金属及合金材料磁阻的数值高一个数量级。巨磁阻抗效应是指非晶磁性材料中的交流磁阻抗会随外加磁场的改变而变化的现象，且该现象非常灵敏，比巨磁阻效应又高一个数量级。

5. 磁共振法

磁共振法是利用物质量子状态变化而精密测量磁场的一种方法，其测量对象一般为均匀的恒定磁场。磁共振现象是基于 1896 年发现的塞曼效应原理，即在外磁场作用下原子的能级会发生分裂；如果交变磁场作用到原子上，当交变磁场的频率与原子自旋系统的自然频率同步时，原子自旋系统便会从交变磁场中吸收能量，这种现象就称为磁共振。由于频率测量可以做到非常准确，利用磁共振法便可大大提高磁场测量的准确度。用磁共振原理测量磁场的方法主要有核磁共振法、顺磁共振法和光泵磁共振法等。

核磁共振法是利用具有角动量(自旋)及磁矩不为零的原子核作为共振物质样品，根据核激励方式和样品的不同，它又可分为核吸收法（强迫核进动）、核感应法（自由核进动）及章动法（流动水样品）。核磁共振法一般用于测量 $10^{-2} \sim 10$ T 范围的中强磁场，测量准确度可高达 10^{-6} 量级，常作为标准磁场量具基准、各种磁强计的校准仪器及精密磁强计等使用。如果适当地选择核磁共振样品，测量恒定磁场的范围可拓宽到 $10^{-4} \sim 25$ T。其中，章动法可以测量不均匀的磁场。

顺磁共振法是指利用顺磁物质中电子或由抗磁物质中顺磁中心的电子所引起磁共振的方法。它主要用于测量 $10^{-4} \sim 10^{-1}$ T 范围内的较弱磁场，测量误差为 0.01%左右。顺磁共振法可以在很宽的空间范围内对恒定的均匀磁场进行精密的“点”测量，可以测量随时间变化的磁场，并且利用小尺寸样品，还能测量梯度小于几特斯拉每米的非均匀磁场。

光泵磁共振法是利用原子的塞曼效应原理绝对测量弱磁场的一种精密方法，它是通过光（红外线或可见光）照射物质，使物质的原子产生往复的能级跃迁，并最终使原子由低能级跃迁到高能级。光泵磁共振法一般用于测量 10^{-3} T 以下的弱磁场，其分辨力可达 10^{-11} T。光泵磁强计由于具有灵敏度高、无零点漂移、无须严格定向、便于连续记录和可测量空间磁场三个分量等特点，广泛应用于地球物理观测、航天技术、地下资源寻找、机载探潜以及考古等领域。

6. 超导效应法

超导效应法是利用弱耦合超导体中超导电流与外部磁场间的函数关系而测量恒定或交变磁场的一种方法，主要用于测量恒定的弱磁场。应用超导效应法的磁场测量仪器称为超导量子干涉磁强计，其特点是具有极高的灵敏度和分辨力。超导量子干涉器件（superconducting quantum interference device，SQUID）是超导量子干涉磁强计的主要组成部分，就其功能来说是一种磁通传感器。它不仅可用来测量磁通量的变化，还可以测量磁感应强度、磁场梯度、磁化率等能转换成磁通量的其他磁场量。SQUID 根据所使用的超导材料，可分为低温 SQUID 和高温 SQUID；又可根据超导环中插入的约瑟夫森结的个数，分为直流超导量子干涉器件（DC SQUID）和射频超导量子干涉器件（RF SQUID）。直流超导量子干涉器件加有直流偏置，制成双结的形式；射频超导量子干涉器件由射频信号作为偏置，具体采用的是单结形式。

7. 磁光效应法

当偏振光通过磁场作用下的某些各向异性介质时，会造成介质电磁特性的变化，并使光的偏振面（电场振动面）发生旋转，这种现象称为磁光效应。磁光效应法是利用磁场对光和介质的相互作用而产生的磁光效应来测量磁场的一种方法。根据产生磁光效应时通过介质的光是透射的还是反射的，磁光效应又分为法拉第磁光效应法和克尔磁光效应法。磁光效应法可用于恒定磁场、交变磁场和脉冲磁场的测量。其中，法拉第磁光效应法可测量 $0.1 \sim 10$ T 范围内的磁场，测量误差在 1%以内；克尔磁光效应法可测量 100 T 的强磁场，测量误差为 3%。磁光效应法主要用于低温超导强磁场的测量。20 世纪 70 年代以后，由于光导纤维技术的应用，磁光效应法也可测量 $10^{-4}\sim10^{-1}$ T 范围内的磁场。

近年来，随着基于磁致伸缩效应的光纤微弱磁场传感技术的发展，光纤磁场测量仪器的灵敏度已可做得很高，甚至可以与超导量子干涉磁强计媲美，因此其在弱磁场测量领域将有广阔的应用空间。

1.2　实验基本要求

参加实验的学生应根据实验任务拟定实验方案，选择所需实验仪器、设备和仪表，确定实验步骤，测取所需数据，并进行分析研究，得出必要结论，完成实验报告。现按照实验进程提出下列基本要求。

1. 实验前的准备

电磁场实验具有一定的危险性，要求参加实验的学生必须严格遵守实验规程，认真做好实验前的准备工作。实验前应认真阅读实验指导书，复习电磁场课程的有关知识，明确实验目的，了解实验内容、基本原理、实验方法和步骤以及实验过程中应注意的问题。认真做好实验前的准备工作，对于培养学生的独立工作能力、保障实验质量和提高实验效率非常重要。

若要做第 3 章的电磁场仿真实验需要安装 MATLAB（建议 2014a 版本以上），同时在 MATLAB 软件的附加功能中需要安装 “Partial Differential Equation Toolbox” 和 “Symbolic Math Toolbox”这两个功能。如图 1.2.1 和图 1.2.2 所示。

图 1.2.1　MATLAB 软件的附加功能选择

图 1.2.2　附加功能中需要选择安装的工具包

2. 实验的进行

1) 熟悉设备，选择仪表

实验时应首先熟悉所用的实验设备，选用必要的测量仪表。记录所用设备和仪表的技术规格、型号。

2）按图接线，力求安全

根据实验内容要求，按图接线。接线应力求简洁、可靠及安全。

3）接线完毕，须经检查

实验回路接线完毕，须经指导教师检查，获得认可后方可合上电源，进行各项实验。实验中若出现异常情况，应立即切断电源并及时报告，待查清原因后方可恢复实验。

4）按照计划，完成实验

预习时对实验内容和实验结果应做好理论分析，并预测实验结果的大致趋势。正式实验时集中思想，认真操作，仔细观察实验现象，如实记录实验数据，不得抄袭他人数据或拼凑数据。

3. 实验结束

实验结束，应将实验结果交指导教师审阅，经认可后方可拆除接线，并清理实验场地，归还仪表与工具等。

4. 实验报告

完成实验后，应根据实验的目的、内容、实测数据和在实验中注意的事项、观察到的现象、发现的问题等，经过整理、分析讨论得出结论，完成实验报告。

实验报告应简明扼要，叙述严谨，结论明确，图表整洁清晰，格式规范统一。报告内容应包括：

（1）实验名称。

（2）实验目的。

（3）实验原理：简明扼要地说明实验方法、基本原理及注意事项。每项实验要给出实验的线路图，并注明所用设备、仪表的技术规格和编号（可用列表或其他方式表示）。

（4）实验内容：实验内容应按实际所进行的实验一一列出。

（5）数据整理和计算：记录数据的表格上需说明实验条件。经计算所得的数据应列出计算公式。根据实验结果绘制曲线时，应选择适当比例，用合适的软件画出。曲线连接应平滑，曲线上和坐标轴上的点应标示清楚，不在曲线上的点仍应按实际数据标出。

（6）结论：根据实验结果，进行综合分析，最后得出实验结论。

5. 其他

（1）实验两个最主要的任务：一是巩固和加深理解课程中所学到的理论知识，二是学习掌握实际实验技能，包括学习了解工程实际中常用的实验方法、常用的仪器设备以及仪器设备的操作使用方法。因此，在实验中应注重学生的理论与实践结合的能力。

（2）实验报告是整个实验过程的一个重要环节，应该认真对待。实验报告应如实地反映实验的情况，包括实验内容、实验电路、实验数据和实验现象等。实验报告应充分注重报告的可读性，应该叙述清楚，力求条理清晰、要点明确、没有歧义。实验报告中的数据(包括图表中的数据)应标明其单位，数据的单位应选用标准单位。编写实验报告时不应简单地罗列实验数据，而应努力培养自己依据所学的专业知识，从实验数据和实验现象中综合分析实验结果，并总结出结论的能力。

1.3 安全注意事项

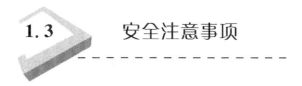

任何人进入实验室，必须严格遵守下列安全制度，否则可能引起人身危险或设备损坏。如因不遵守本制度而发生意外事故，当事人将承担全部后果。除此之外，实验室还将按规定追究责任人的经济责任。

(1) 实验人员在实验前必须先参加“实验室安全教育培训”。

(2) 实验室内应保持整洁，严禁吸烟，严禁随地吐痰，严禁乱丢杂物。

(3) 实验前检查仪器设备，发现问题及时报告教师，按编组入座，不得擅自调换座位或挪用他组的仪器和用品。未经同意不得私自拆卸、改动实验室中任何设备和仪器。

(4) 任何时候，在接触实验设备的高压部分之前，必须检查电源是否已切断。确认电源切断后，方可进行接线等操作。

(5) 实验电路通电前须经指导教师检查。

(6) 实验中发生事故，应立即采取相应安全措施，并及时报告指导教师予以检查处理。

(7) 实验室总电源由实验室专人负责操作，其他任何人严禁操作。

(8) 实验室的安保消防设备由专人负责，须妥善保管并定期检查，任何人无故不得随意搬动。

第 2 章
电磁场实物实验

结合课程教学的电磁场实物实验是提升教学效果、增进学生对电磁场现象和过程的感性认识、拓展电磁场工程应用知识面的重要环节。电磁场实物实验不仅是对基本理论的验证，也是对学生实验技能的基本训练，更能培养学生用“场”的观点和方法来分析和解决工程实际问题的能力。

本章设计了磁通球实验、磁悬浮实验、静电除尘实验、环形载流线圈实验和盘式电磁铁实验五个方向的实物实验。磁通球实验包括球形载流线圈的磁场分布和电感参数测量，通过实验学生可掌握工程上测量磁场的两种基本方法——电磁感应法和霍尔效应法，在理论分析与实验测量相结合的基础上，可深化对磁场边值问题、自感参数和磁场测量方法等知识点的理解。在磁悬浮实验中可观察自稳定的磁悬浮物理现象，通过深入了解磁悬浮的作用机理及其理论分析的基础知识，深化对磁场能量、电感参数和电磁力等知识点的理解。在静电除尘实验中可观察静电除尘的物理现象，通过深入了解静电除尘的作用机理和工程上提高静电除尘效率的方法，深化对典型静电场分布特征，带电粒子在电场中运动轨迹等知识点的理解。环形载流线圈实验和盘式电磁铁实验以电磁力工程应用分析为背景，分别对两个典型系统(环形载流线圈-铁磁平板系统和盘式电磁铁-铁磁平板系统)的磁场分布与电磁力进行测量分析。

本章实物实验涉及高电压，请务必按照电气安全操作规范开展实验。

2.1 磁通球实验

1. 实验目的

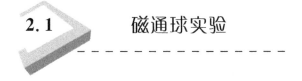

(1) 测量磁通球(球形载流线圈)的磁场分布；

(2) 测量磁通球(球形载流线圈)的电感参数；

(3) 掌握工程上测量磁场的两种基本方法——电磁感应法和霍尔效应法；

(4) 在理论分析与实验测量相结合的基础上，力求深化对磁场边值问题、自感参数和磁场测量方法等知识点的理解。

2. 实验设备

磁通球实验设备如表 2.1.1 所示，磁通球实验装置如图 2.1.1 所示。

表 2.1.1　磁通球实验设备一览表

名　　称	型号、规格	数量	备　　注
磁通球	球半径 $R=5$ cm； 线匝数 $N=131$ 匝； 材料：环氧树脂($\mu\approx\mu_0$)； 无感取样电阻(0.5 Ω)	1	线匝模拟了 z 向具有均匀匝数密度分布的磁通球
磁通球实验仪	EM-MS 型磁通球激磁电源： 直流 0～1.2 A， 交流 5 kHz、0～1.0 A； 交流毫伏表：0～100 mV	1	—
轴向测磁探棒(末端安装了探测线圈)	探测线圈： 内径 $R_1=1$ mm， 外径 $R_2=3$ mm， 线圈宽度 $b=1.5$ mm， 线圈匝数 $N_1=49$ 匝	1	基于电磁感应法，由探测线圈测定沿磁通球球轴方向的磁场
TD8650 特斯拉计	测量范围：0～3 000 mT； 工作量程：共 3 档，30 mT、300 mT、3 000 mT； 最小分辨率：0.01 mT	1	基于霍尔效应，运用测定磁场的探针测定磁通球外的磁场
LCR 数字电桥	TH2811D	1	测量磁通球线圈自感
数字示波器	MSO2022B	1	—

3. 实验原理

1) 磁通球(球形载流线圈)球内外磁场分布

磁通球(球形载流线圈)示意图如图 2.1.2 所示，呈轴对称性的计算场域如图 2.1.3 所示，z 向具有均匀匝数密度分布的球形线圈球体内部的磁场是均匀分布的。当球形线圈中通以电流 i 时，可等效为流经球表面层的面电流密度 K 的分布。显然，其等效原则在于载流安匝不变，即若设沿球表面的线匝密度分布为 W'，则在与元长度 dz 对应的球面弧元 $R\mathrm{d}\theta$ 上，应有

$$(W'R\mathrm{d}\theta)i=\left(\frac{N}{2R}\mathrm{d}z\right)i \tag{2.1.1}$$

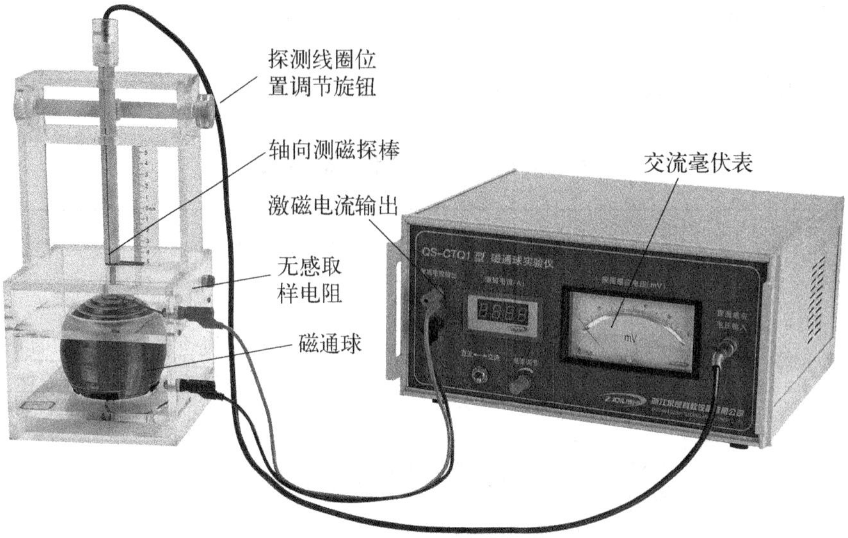

图 2.1.1　磁通球实验装置

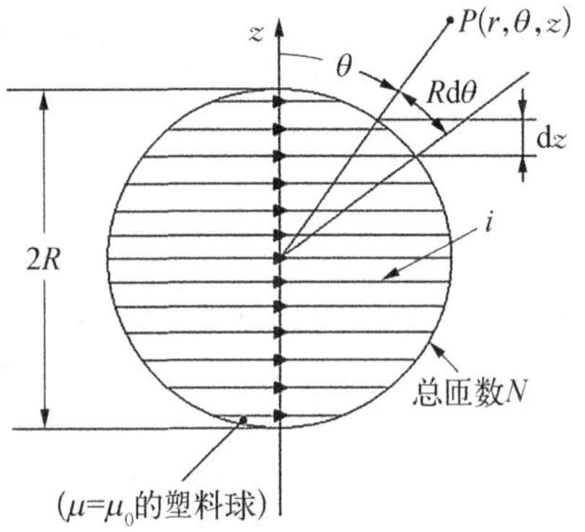

图 2.1.2　磁通球(球形载流线圈)示意图

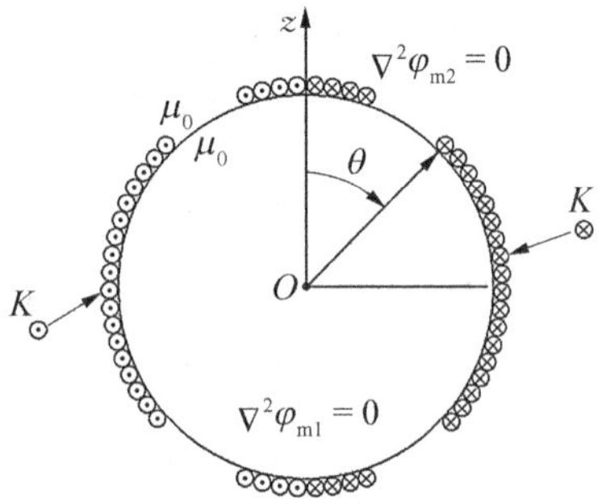

图 2.1.3　呈轴对称性的计算场域

因在球面上，$z = R\cos\theta$ ，所以

$$|\mathrm{d}z| = |\mathrm{d}(R\cos\theta)| = R\sin\theta\mathrm{d}\theta \tag{2.1.2}$$

代入式(2.1.1)，可知对应于球面上线匝密度分布 W' 为

$$W' = \frac{\frac{N}{2R}R\sin\theta\mathrm{d}\theta}{R\mathrm{d}\theta} = \frac{N}{2R}\sin\theta \tag{2.1.3}$$

即沿球表面，该载流线圈的线匝密度分布 W' 正比于 $\sin\theta$，呈正弦分布。因此，本实验球面上等效的面电流密度 $\boldsymbol{K}$ 的分布为

$$\boldsymbol{K} = \frac{N}{2R}i\sin\theta\boldsymbol{e}_{\phi} \tag{2.1.4}$$

由式(2.1.4)可见，球面上等效的面电流密度 $\boldsymbol{K}$ 正比于 $\sin\theta$。

因为在由球面上等效的面电流密度 $\boldsymbol{K}$ 所界定的球内外轴对称场域中，没有自由电流的分布，所以可采用标量磁位 φ_{m} 为待求场量。通过理论分析，可得磁通球内部标量磁位 φ_{m1} 和外部标量磁位 φ_{m2} 的解，故磁通球内部磁场强度为

$$\boldsymbol{H}_1=-\nabla\varphi_{m1}=\frac{Ni}{3R}(\cos\theta\boldsymbol{e}_r-\sin\theta\boldsymbol{e}_\theta)\quad(r\leqslant R)\tag{2.1.5}$$

外部磁场强度为

$$\boldsymbol{H}_2=-\nabla\varphi_{m2}=\frac{Ni}{6R}\left(\frac{R}{r}\right)^3(2\cos\theta\boldsymbol{e}_r+\sin\theta e_\theta)\quad(r>R)\tag{2.1.6}$$

基于标量磁位或磁场强度的解，即可描绘出磁通球内外的磁场线分布，场图($\boldsymbol{H}$ 线分布)如图 2.1.4 所示。

由上述理论分析和场图可见，这一典型磁场分布特点如下：

(1) 球内 $\boldsymbol{H}_1$ 为均匀场，其取向与磁通球的对称轴(z 轴)一致，即

$$\boldsymbol{H}_1=\frac{Ni}{3R}(\cos\theta\boldsymbol{e}_r-\sin\theta\boldsymbol{e}_\theta)=\frac{Ni}{3R}\boldsymbol{e}_z=\boldsymbol{H}_1\boldsymbol{e}_z\tag{2.1.7}$$

(2) 球外 $\boldsymbol{H}_2$ 等同于球心处一个磁偶极子的磁场。

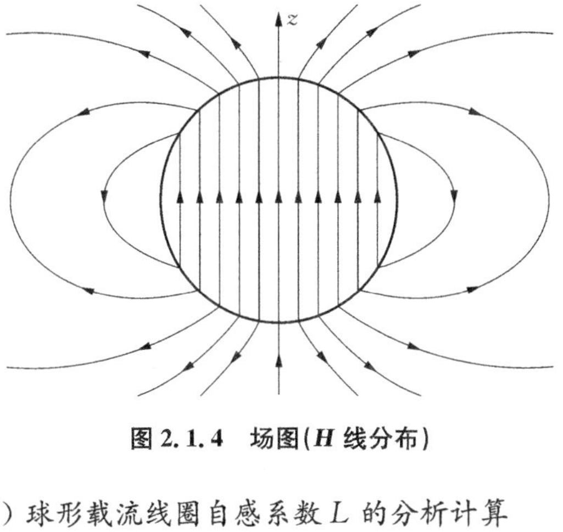

图 2.1.4　场图($\boldsymbol{H}$ 线分布)

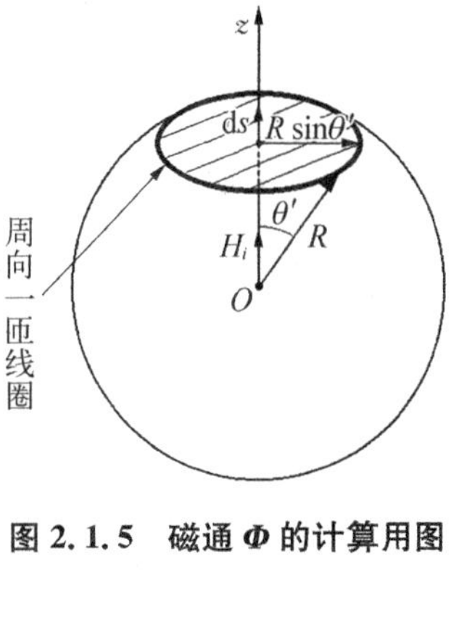

图 2.1.5　磁通 $\boldsymbol{\Phi}$ 的计算用图

2) 球形载流线圈自感系数 L 的分析计算

在已知磁通球的磁场分布的情况下，显然就不难算出其自感系数 L。磁通 Φ 的计算如图 2.1.5 所示，现首先分析位于球表面周向一匝线圈中所交链的磁通 Φ，即

$$\Phi=\int_S\boldsymbol{B}\cdot\mathrm{d}\boldsymbol{S}=\mu_0H_1[\pi(R\sin\theta')^2]\tag{2.1.8}$$

然后，便可分析对应于球表面上由弧元 $R\mathrm{d}\theta'$ 所界定的线匝 $\mathrm{d}W$ 所交链的磁通链 $\mathrm{d}\psi$

$$d\psi = dW \cdot \Phi = \Phi\left(\frac{N}{2R}\sin\theta'\right)R\,d\theta' \tag{2.1.9}$$

这样，总磁通链 ψ 就可由全部线匝覆盖的范围，即 θ' 由 0 到 π 的积分求得

$$\psi = \int d\psi = Li \tag{2.1.10}$$

最终可得该磁通球自感系数 L 的理论计算值为

$$L = \frac{2}{9}\pi N^2 \mu_0 R \tag{2.1.11}$$

在实验研究中，磁通球自感系数 L 的实测值可使用数字电桥进行测定，也可通过测量相应的电压、电流来确定。显然，如果外施电源频率足够高，则任何电感线圈的电阻在入端阻抗中所起的作用可忽略。此时，其入端电压和电流之间的相位差约等于 90°，即可看成一个纯电感线圈。这样，由实测入端电压峰值与电流峰值之比值可获得感抗 ωL 的实测值，由此便得 L 的实测值。

3）*电磁感应法测磁感应强度*

若把一个很小的测试线圈放置在由交变电流激磁的时变磁场中，则根据法拉第电磁感应定律，该测试线圈中的感应电动势

$$e = -\frac{d\psi}{dt} \tag{2.1.12}$$

式中，ψ 为与测试线圈交链的磁通链。

$$E = \omega\psi = 2\pi f N_1 \Phi \tag{2.1.13}$$

由于测试线圈所占据的空间范围很小，故测试线圈内的磁场可近似认为是均匀的，因此有 $\Phi = BS = \mu_0 HS$，从而，被测处的磁感应强度

$$B = \frac{E}{2\pi f S N_1} \tag{2.1.14}$$

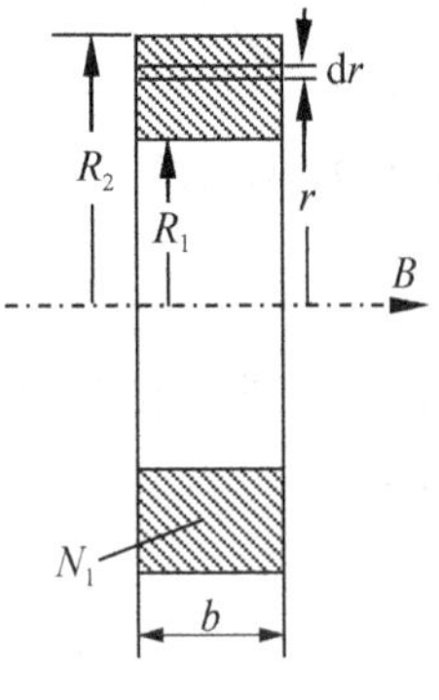

图 2.1.6　测试线圈的截面示意图

式中，N_1 为测试线圈的匝数；E 为测试线圈中感应电势的有效值，V；B 为被测处磁感应强度的有效值，T；f 为正弦交变电流的频率，本实验采用 5 kHz 的交流电；S 为测试线圈的等效截面积，m^2。

测试线圈的等效截面积 S 的计算方法如下：

测试线圈截面如图 2.1.6 所示。由于线圈本身的尺寸很小，故线圈内的磁场分布可近似认为是均匀的。图中半径为 r、厚度为 dr 的薄圆筒状线匝所包围的 z 向磁通为

$$\Phi = B\pi r^2 = \mu_0 H \pi r^2 \tag{2.1.15}$$

故与该薄筒状线匝所交链的磁通链为

$$\mathrm{d}\psi=\frac{b\,\mathrm{d}r}{b(R_2-R_1)}N_1\mu_0 H\pi r^2 \tag{2.1.16}$$

式中，$\frac{b\,\mathrm{d}r}{b(R_2-R_1)}N_1$ 是薄筒状线圈对应的匝数。将式(2.1.16)取积分，就可求出测试线圈的磁通链

$$\psi=\int\mathrm{d}\psi=\int_{R_1}^{R_2}\frac{N_1\mu_0 H\pi}{R_2-R_1}r^2\mathrm{d}r=\frac{N_1\mu_0 H\pi}{3}(R_1^2+R_1R_2+R_2^2) \tag{2.1.17}$$

因此，测试线圈的等效截面积为

$$S=\frac{\pi}{3}(R_1^2+R_1R_2+R_2^2) \tag{2.1.18}$$

4）*霍尔效应法测磁感应强度*

霍尔效应原理如图 2.1.7 所示。

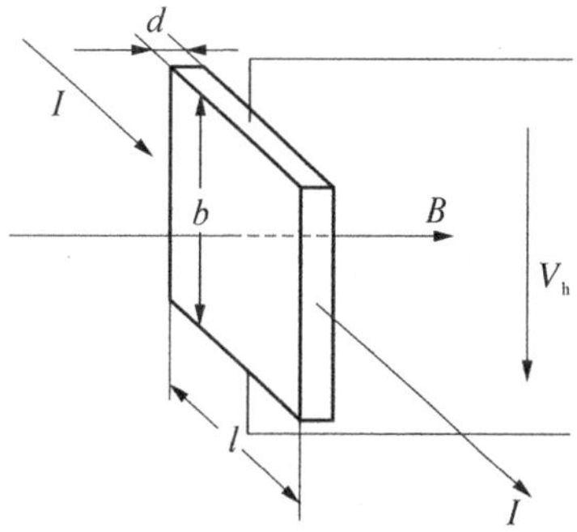

图 2.1.7　霍尔效应原理示意图

霍尔元件为一块矩形的半导体薄片，当在它的对应侧通以电流 I，并置于外磁场 $\boldsymbol{B}$ 中时，在其对面一侧上将呈现霍尔电压 V_h，这一物理现象称为霍尔效应。霍尔电压为

$$V_h=\frac{R_h}{d}IBf\left(\frac{l}{b}\right) \tag{2.1.19}$$

式中，R_h 为霍尔常数，取决于半导体材料的特性；d 是半导体薄片的厚度；$f(l/b)$是霍尔元件的形状系数。

由式(2.1.19)可见，在 R_h、d、I、$f(l/b)$等参数值一定时，$V_h\propto B(B_n)$。根据这一原理制成的霍尔效应高斯计，通过安装在探棒端头上的霍尔片，即可直接测得霍尔片所在位置的磁感应强度的平均值(单位为 T 或 Gs，1 T$=10^4$ Gs)。恒定或交流磁场可使用高斯计(或特斯拉计)进行测量。本实验采用 TD8650 数字特斯拉计，它既可测量交流磁场，也可测量恒定磁场。其使用方法可参阅附录 A.1 TD8650 数字特斯拉计。

应指出，在正弦交流激励的时变磁场中，霍尔效应特斯拉计的磁感应强度平均值读数与由电磁感应法测量并计算得出的磁感应强度的有效值之间的关系为

$$B_{av}=\frac{2\sqrt{2}}{\pi}B\approx 0.9B \tag{2.1.20}$$

4. 实验内容

1）*测量在交流电流激励下的磁通球磁感应强度的分布*

(1) 在交流电流 ($I=1.0$ A) 激励的情况下，沿磁通球轴线方向上下调节磁通球实验

装置中的测试线圈，在 5 kHz 正弦交变电流（$I=1.0$ A）激励的情况下，每移动 1 cm 由毫伏表读出测试线圈中感应电势的有效值 E，然后应用式(2.1.14)计算磁感应强度 B。具体操作步骤如下：

① 磁通球实验仪的激磁电流输出端连接到磁通球的输入端上，探测线圈的输出信号线接到磁通球实验仪的探测感应电压输入端。

② 打开磁通球实验仪电源开关，拨动直流/交流选择开关到交流位置，调节电流调节旋钮使得激磁电流输出为 1.0 A。

③ 转动探测线圈位置调节旋钮，使探测线圈沿磁通球轴线方向深入球面 5 cm，即位置指示对准蓝色 5 cm，此时探测线圈的轴线坐标为 $z=-5$ cm。记录磁通球实验仪上对应的交流毫伏表数值。之后，继续向上移动，每次移动 1 cm，分别记录对应的交流毫伏表数值，一直到 $z=6$ cm 位置，所测数据填入表 2.1.2 中。

④ 测量完毕后，调节电流调节旋钮使激磁电流减小为 0，关闭磁通球实验仪电源开关。

表 2.1.2　磁通球轴线上磁感应强度数据记录表

磁通球轴线坐标 z/cm	−5	−4	−3	−2	−1	0	1	2	3	4	5	6
线圈中感应电势 V/mV												
磁感应强度 B/mT												

(2) 在交流电流（$I=1.0$ A）激励的情况下，沿磁通球轴线方向上下调节磁通球实验装置中的测试线圈，在 5 kHz 正弦交变电流（$I=1.0$ A）激励的情况下，使用 TD8650 特斯拉计的横向和纵向探棒测量磁通球外部沿面磁场分布。在圆柱坐标情况下，磁通球外部沿球面的磁场有 z 向 B_z 和径向 B_ρ 两个分量，横向探棒测 B_z，纵向探棒测 B_ρ。具体操作步骤如下：

① 打开磁通球实验仪电源开关，拨动直流/交流选择开关到交流位置，调节电流调节旋钮使得激磁电流输出为 1.0 A。

② 为 TD8650 特斯拉计安装横向传感器，打开电源开关，测量模式选择 AC，量程选择 0～30 mT，测量单位选择 mT。去除横向传感器的保护套，将横向传感器远离磁场，如显示屏上显示不为“0”，可按清零键使之为“0”。

③ 将横向探棒水平(标尺面朝下)放置于磁通球北极（$r=0, z=R$）处(探针面应与磁场线正交)，读取特斯拉计示数，所测数据填入表 2.1.3 中。

④ 同理依次测量北纬 45°($0.7R$，$0.7R$)、赤道(R，0)、南纬 45°($0.7R$，$-0.7R$)的数据。

⑤ 将横向探棒更换为纵向探棒，以同样方法测量相关数据。

⑥ 测量完毕，调节电流调节旋钮使激磁电流减小为 0，关闭实验仪电源开关，关闭特斯拉计电源开关。

注意事项： 特斯拉计初始读数置零的操作是保证磁感应强度测量精度的前提条件。此外，如测量中需要转换量程或转换测量模式，都必须先重新调零，再进行测量。测量时需要保证探针面与磁场线正交，即调节探棒端头表面位置和倾角，使之有最大霍尔电压的输出。

表 2.1.3　磁通球外部磁场数据记录表(交流)

磁通球外部沿球面的位置	北极(0,R)	北纬 45° (0.7R,0.7R)	赤道(R,0)	南纬 45° (0.7R,−0.7R)
磁感应强度 B_{zav}/mT				
磁感应强度 $B_{\rho av}$/mT				

2) 测量在直流电流激励下的磁通球外部磁场的分布

在直流电流 (I =1.15 A) 激励的情况下，使用 TD8650 特斯拉计的横向和纵向探棒测量磁通球外部沿面磁场分布。在圆柱坐标情况下，磁通球外部沿球面的磁场有 z 向 B_z 和径向 B_ρ 两个分量，横向探棒测 B_z，纵向探棒测 B_ρ。磁通球外 B_z、B_ρ 分布等同于球心处一个磁偶极子的磁场：北极($r=0$，$z=R$)和赤道($r=R$，$z=0$)处的磁场只有 B_z 分量；在南、北纬 45°处磁场既有 B_z 分量又有 B_ρ 分量。具体操作步骤如下：

(1) 打开磁通球实验仪电源开关，拨动直流/交流选择开关到直流位置，调节电流调节旋钮使得激磁电流输出为 1.15 A。

(2) 为 TD8650 特斯拉计安装横向传感器(横向探棒)，打开电源开关，测量模式选择 DC，量程选择 0～30 mT，测量单位选择 mT。去除横向传感器的保护套，将横向传感器远离磁场，如显示屏上显示不为"0"，可按清零键使之为"0"。

(3) 将横向探棒水平放置于磁通球北极 ($r=0$，$z=R$) 处，读取特斯拉计示数并记录。同理，移动横向探棒测量北纬 45°(0.7R，0.7R)、赤道(R，0)、南纬 45°(0.7R，−0.7R)的示数，即磁通球外表面的 B_z(mT)，所测数据填入表 2.1.4 中。

(4) 关闭特斯拉计电源开关。为 TD8650 特斯拉计安装纵向传感器(纵向探棒)，打开电源开关，测量模式选择 DC，量程选择 0～30 mT，测量单位选择 mT。去除纵向传感器的保护套，将纵向传感器远离磁场，如显示屏上显示不为"0"，可按清零键使之为"0"。

(5) 将纵向探棒水平放置于磁通球北极 ($r=0$，$z=R$) 处，读取特斯拉计示数并记录。同理，移动纵向探棒测量北纬 45°(0.7R，0.7R)、赤道(R，0)、南纬 45°(0.7R，−0.7R)的示数，即磁通球外表面的 B_ρ(mT)，所测数据填入表 2.1.4 中。

(6) 测量完毕，调节电流调节旋钮使激磁电流减小为 0，关闭实验仪电源开关，关闭特斯拉计电源开关。

表 2.1.4　磁通球外部磁场数据记录表(直流)

磁通球外部沿球面的位置	北极$(0,R)$	北纬 45° $(0.7R,0.7R)$	赤道$(R,0)$	南纬 45° $(0.7R,-0.7R)$
磁感应强度 B_z/mT				
磁感应强度 B_ρ/mT				

注意事项： 特斯拉计初始读数置零的操作是保证磁感应强度测量精度的前提条件。此外，如测量中需要转换量程或转换测量模式，都必须先重新调零，再进行测量。使用探棒测量时均需保证探针面和磁力线正交，即调节探棒端头表面位置和倾角，使之有最大霍尔电压的输出。

3) *磁通球电感 L 实测*

(1) 通过磁通球实验仪测量磁通球电感 L。

本实验在电源激励频率为 5 kHz 的情况下，近似地将磁通球看作一个纯电感线圈。因此，通过应用示波器读出该磁通球的激磁电压 $U(t)$ 和电流 $i(t)$ 的峰值。本实验中，$i(t)$ 的波形可由串接在激磁回路中的 0.5 Ω 无感电阻上的电压测得，即可算出其电感实测的近似值 L。应指出，以上电压峰值读数的基值可由示波器设定，而电流峰值读数的依据既可来自数字电流表的有效值读数，也可来自 0.5 Ω 无感电阻上的电压降。具体操作步骤如下：

① 将无感电阻和磁通球串联，激磁电流输出端连接到串联后的两端。

② 将示波器探头 1 接到磁通球两端，探头 2 接到无感电阻两端。

③ 打开磁通球实验仪电源开关，拨动直流/交流选择开关到交流位置，调节电流调节旋钮使得激磁电流输出为 1.0 A。

④ 打开示波器开关，用示波器读出该磁通球的激磁电压 $U(t)$ 和电流 $i(t)$ 的峰值，计算磁通球电感。

(2) 通过数字电桥直接测量磁通球电感 L。

具体操作步骤如下：

① 将磁通球实验仪连接磁通球的励磁电流导线拆除，使用数字电桥测试电缆直接夹在磁通球的两根励磁电流输入端。注意电感测量时，磁通球实验仪电源应处于关闭状态。

② 按 POWER 键启动数字电桥；按 PARA 键，测量参数设为 L－Q；按 FREQ 键，测试频率设为 1 kHz。LCD 下方显示“1 kHz”。

③ 按 SER/PAR 键可以使等效方式在串联 SER 与并联 PAR 之间切换，设置为并联 PAR 方式。设置完成后直接读取电感值。

④ 完成测量后关闭电源。

5. 实验报告要求

(1) 在交流电流（$I=1.0$ A）激磁的情况下，记录使用测试线圈测量磁场的数据，并根

据测量数据画出沿磁通球轴线 $B(z)|_{r=0}$ 的磁场分布曲线。

(2) 在直流电流（$I=1.15$ A）激磁的情况下，根据磁通球沿面测量数据，分析磁通球外部磁场分布的特征。

(3) 按式(2.1.11)由磁通球的设计参数计算出磁通球电感理论值 L，分析讨论理论值与实测值之间的误差原因。

(4) 解答本实验思考题。

6. 思考题

(1) 为什么测量磁场的电磁感应法要采用中频电源？能采用工频或直流电源吗？

(2) 霍尔效应能测量恒定磁场吗？为什么？

(3) 磁通球表面的线圈匝数密度接近什么分布？为什么？

(4) 磁通球内部磁场是否均匀？为什么？

2.2　磁悬浮实验

1. 实验目的

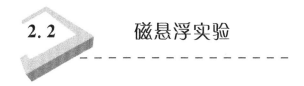

(1) 观察自稳定的磁悬浮物理现象；

(2) 了解磁悬浮的作用机理及其理论分析的基础知识；

(3) 在理论分析与实验研究相结合的基础上，力求深化对电磁感应定律、电磁力等知识点的理解。

2. 实验设备

磁悬浮实验设备如表 2.2.1 所示，磁悬浮实验装置如图 2.2.1 所示。

表 2.2.1　磁悬浮实验设备一览表

名　称	型号、规格	数　量	备　注
盘状线圈	$N=250$ 匝 内径 $R_1=31$ mm 外径 $R_2=195$ mm 厚度 $h=12.5$ mm 质量 $m=3.1$ kg	1	—

续 表

名 称	型号、规格	数 量	备 注
铝板	(1) 厚度 $b=14$ mm	1	电导率 $\gamma=3.82\times10^{7}$ S/m
	(2) 厚度 $b=2$ mm	1	
自耦变压器	容量 7 kVA，0～100 V，0～30 A，50 Hz	1	—

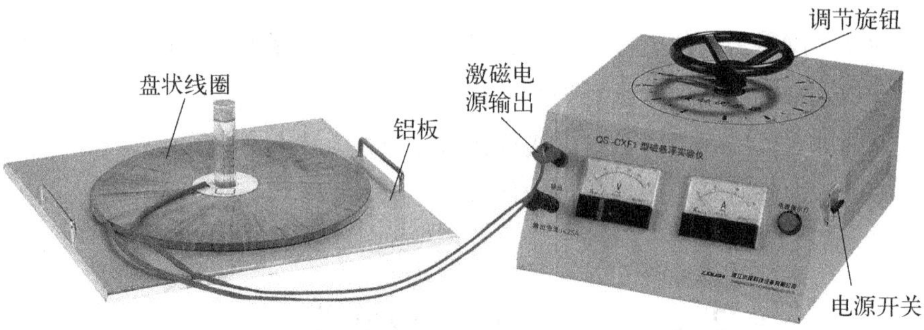

图 2.2.1 磁悬浮实验装置

3. 实验原理

1) 自稳定的磁悬浮物理现象

磁悬浮系统与盘状线圈截面如图 2.2.2 所示。磁悬浮系统主要由盘状线圈和铝板组合而成。该系统中盘状线圈的激磁电流由自耦变压器提供，从而在 50 Hz 正弦交变磁场作用下，铝质导板中将产生感应涡流，涡流所产生的去磁效应表征为盘状线圈自稳定的磁悬浮现象。

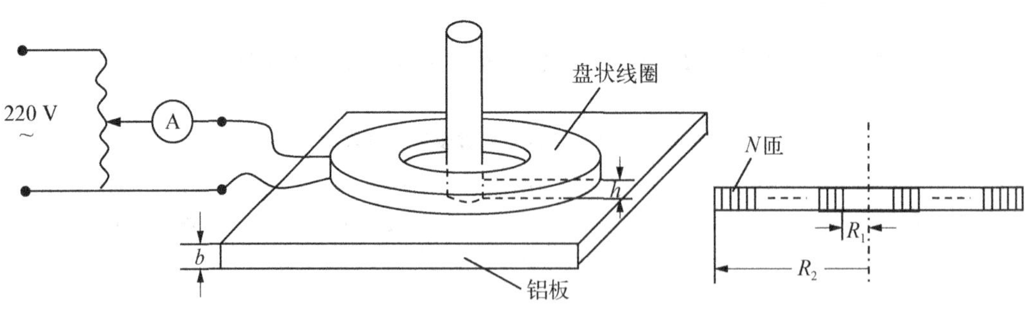

(a) 磁悬浮系统示意图　　(b) 盘状线圈截面图

图 2.2.2 磁悬浮系统示意图与盘状线圈截面图

2）基于虚位移法的磁悬浮机理的分析

在自稳定磁悬浮现象理想化分析的前提下，根据电磁场理论可知，铝质导板应视为完纯导体，但事实上当激磁频率为50 Hz时，铝质导板仅近似地满足这一要求。为此，在本实验装置的构造中，铝质导板的厚度 b 还必须远大于电磁波正入射平表面导体的透入深度 d（即 $b \gg d$）。换句话说，在理想化的理论分析中，就交变磁场的作用而言，此时，该铝质导板可被看作“透不过的导体”。

对于给定悬浮高度的自稳定磁悬浮现象，作用于盘状线圈的向上的电磁力必然等于该线圈的重力。本实验中，当通入盘状线圈的激磁电流增大到使其与铝板中感生涡流合成的磁场对盘状线圈作用的电磁力足以克服线圈自重时，线圈即浮离铝板，呈现自稳定的磁悬浮物理现象。

现应用虚位移法来求取作用于该磁悬浮系统的电动推斥力。

首先，将图2.2.2所示的盘状线圈和铝板的组合看成一个磁系统，则其对应于力状态分析的磁场能量为

$$W_{\mathrm{m}} = \frac{1}{2} L I^2 \tag{2.2.1}$$

式中，I 为激磁电流的有效值。其次，取表征盘状线圈与铝板之间相对位移的广义坐标为 h（即给定的悬浮高度），则按虚位移法可求得作用于该系统的电动推斥力，也就是作用于盘状线圈的向上的电磁悬浮力

$$f = \frac{\partial W_{\mathrm{m}}}{\partial h}\Big|_{I=\mathrm{Const}} = \frac{1}{2} I^2 \frac{\mathrm{d}L}{\mathrm{d}h} \tag{2.2.2}$$

在铝板被看作完纯导体的理想化假设的前提下，应用镜像法，可以求得该磁系统的电感为

$$L = \mu_0 a N^2 \ln\left(\frac{2h}{R}\right) = L_0 \ln\left(\frac{2h}{R}\right) \tag{2.2.3}$$

式中，a 为盘状线圈被理想化为单匝圆形线圈时的平均半径；N 为线匝数；R 为导线被看作圆形导线时的等效圆半径。

而稳定磁悬浮状态下力的平衡关系为

$$f = \frac{1}{2} I^2 \frac{\mathrm{d}L}{\mathrm{d}h} = mg \tag{2.2.4}$$

式(2.2.4)中，m 为盘状线圈的质量(kg)；g 为重力加速度(9.8 m/s^2)。

将式(2.2.3)代入式(2.2.4)，稍加整理，便可解出对于给定悬浮高度 h 的磁悬浮状态，系统所需激磁电流为

$$I=\sqrt{\frac{2mgh}{L_0}} \tag{2.2.5}$$

4. 实验内容

1) 观察自稳定的磁悬浮物理现象

在采用厚度为 14 mm 的铝板情况下，通过调节自耦变压器以改变输入盘状线圈的激磁电流，从而观察在不同给定悬浮高度 h 的条件下，由于铝板表面层中涡流所产生的去磁效应而导致的自稳定的磁悬浮物理现象。具体操作步骤如下：

(1) 采用厚度为 14 mm 的铝板，上方放置盘状线圈。

(2) 将盘状线圈的红色接头和黑色接头接到磁悬浮实验仪的电流输出端。

(3) 打开磁悬浮实验仪电源开关，顺时针旋转接触调压器调节旋钮，逐渐增加输出电流。

(4) 当激磁电流达到一定值(约 15 A)时，盘状线圈开始浮起，出现磁悬浮的物理现象。

2) 实测对应于不同激磁电流的盘状线圈的悬浮高度

(1) 在上面步骤的基础上，继续增加输出电流，以 1 A 为步距，对应于不同的激磁电流，逐点记录在不同激励电流 I 和施加电压 U 下的悬浮高度 h 的读数，所测数据填入表 2.2.2 中。

表 2.2.2 不同激磁电流的磁悬浮实验数据记录表

电流 I/A	电压 U/V	悬浮高度 h/cm

注意事项： 不能长时间施加激磁电流，否则会引起线圈过热造成损坏。

(2) 实验数据记录完毕后，逆时针旋转接触调压器调节旋钮至输出电压为 0，关闭磁悬浮实验仪电源开关。

3) 观察不同厚度的铝板对自稳定磁悬浮状态的影响

分别在铝板厚度为 14 mm 和 2 mm 的情况下，对应于相同的激磁电流(如 $I=20$ A)，观察并读取相应的悬浮高度 h 的读数。

具体操作步骤如下：

(1) 采用厚度为 14 mm 的铝板，上方放置盘状线圈。

(2) 将盘状线圈的红色接头和黑色接头接到磁悬浮实验仪的电流输出端。

(3) 打开磁悬浮实验仪电源开关,顺时针旋转接触调压器调节旋钮,逐渐增加输出电流。

(4) 当激磁电流达到 20 A 时,记录此时的悬浮高度 h,所测数据填入表 2.2.3 中。

(5) 逆时针旋转接触调压器调节旋钮至输出电压为 0,关闭磁悬浮实验仪电源开关。

(6) 将 14 mm 的铝板更换为 2 mm 的铝板,按照上述步骤重新测量,所测数据填入表 2.2.3 中。

表 2.2.3　不同厚度铝板的磁悬浮实验数据记录表

电流 I/A	铝板厚度/mm	悬浮高度 h/cm
20	14	
20	2	

5. 实验报告要求

(1) 记录采用厚度为 14 mm 铝板的情况下激磁电流 I 与相应的悬浮高度 h 的读数,比较分析实测值与理论值[根据式(2.2.5)计算]之间误差的原因。

(2) 根据观察不同厚度铝板对自稳定磁悬浮状态的影响,以电磁波正入射平表面导体的透入深度公式$\left(d=\sqrt{\dfrac{2}{\omega\mu\gamma}}\right)$为依据,分析讨论铝板的不同厚度对磁悬浮现象影响的物理本质。

(3) 解答本实验思考题。

6. 思考题

简述铝板厚度、电流大小、线圈重力和尺寸、电压幅值、电压频率、电压波形(正弦波、方波)、线圈和底板的材料(铜、铝)对磁悬浮高度影响的情况。

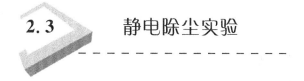

2.3　静电除尘实验

1. 实验目的

(1) 观察静电除尘的物理现象;

(2) 了解静电除尘的作用机理和工程上提高静电除尘效率的方法;

(3) 在理论分析与实验研究相结合的基础上,力求深化对典型静电场分布特征、带电粒子在电场中运动轨迹等知识点的理解。

2. 实验设备

静电除尘实验设备如表 2.3.1 所示，静电除尘实验装置如图 2.3.1 所示。

表 2.3.1 静电除尘实验设备一览表

名　称	型号、规格	数 量	备 注
静电除尘实验装置	—	1	—
高压电源	QS-JDCC1 型 0～15 kV	1	—

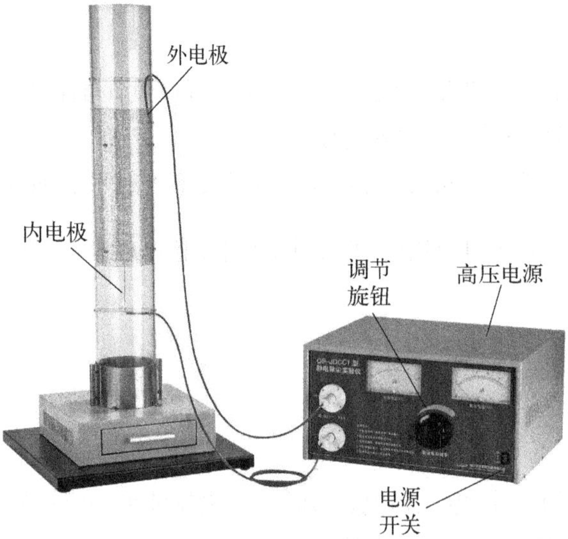

图 2.3.1 静电除尘实验装置

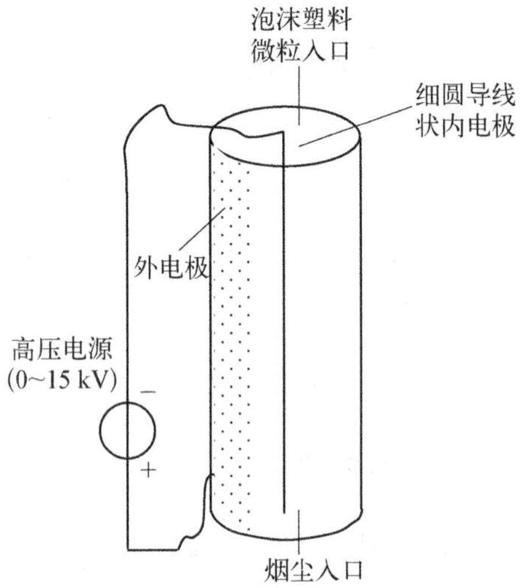

图 2.3.2 静电除尘系统组成示意图

3. 实验原理

1) 静电除尘的物理现象及其作用机理

静电除尘系统如图 2.3.2 所示，主要由细圆导线状内电极与圆柱形外电极同轴组合构成。当该系统内外电极间电位差升高时，因为内电极导线很细，是系统最大电场强度所在处，故提高该导线电压将导致其周围空气电离并易造成电击穿，即发生电晕放电。空气在电晕放电状态下，将产生电子和正、负离子，其中一些电子和负离子顺着电场线到达外电极。此时，若引入烟尘源，则当烟尘微粒进入离子导电区时，电子或离子撞击到微粒表面，即令微粒带电。这样，微粒在电场力作用下，趋向外电极，使原烟尘微粒的密度急剧下降，达到预期的除尘效果。

本实验还可用泡沫塑料微粒替代烟尘，观察微粒运动，则静电除尘物理现象的表征更为明显。此时，泡沫塑料微粒在电场力作用下，将趋向外电极并被吸附在外电极上，而一旦电场不复存在，则微粒很快下落。但应注意，该微粒是良好的绝缘体，其所带电荷泄漏的时间较长，这样，当外电场不存在时，仍能保留部分电荷，因而它们将能在一段时间内继续吸附在圆柱壁这样的导体表面上。

值得指出，关于电晕放电现象的判断，除了发生上述静电除尘物理现象之外，还有另外两个方面的论据。一是放电会产生臭氧气味；二是在暗室条件下可观察到空气中略带蓝色的电火花。

2）高效的静电除尘

当内电极由细圆导线状替换为芒刺状结构的电极时，即可明显地观察到因芒刺状结构的内电极设计，使空间电场分布极不均匀。换句话说，与细圆导线状结构的内电极设计相比，在内外电极间电位差升高的过程中，最大电场强度所在处的芒刺状电极的周围空气更易发生电晕放电，故静电除尘效率显著提高，成为工程装置采用的首选方案。

4. 实验内容

本实验涉及高电压，请务必按照电气安全操作规范开展实验。实验时，严禁触碰设备电极等带电器件。

1）烟尘微粒

使用烟尘微粒作为测试物，观察静电除尘现象。具体操作步骤如下：

(1) 静电除尘装置的圆柱形外电极连接到高压电源的“+”输出端上，细圆导线状内电极连接到高压电源的“−”输出端上。

(2) 打开高压电源开关，调节输出电压调节旋钮逐渐增加输出电压。

(3) 将烟尘源放置在有机玻璃筒底部，使其自由浮升，逐渐升高电源输出电压，直到电晕电流达到某一值后，可观察到烟尘微粒的运动轨迹发生了偏转，呈现静电除尘现象。记录此时的临界输出电压与电晕电流值，所测数据填入表2.3.2中。

(4) 测量完毕后，调节输出电压调节旋钮使输出电压减小为0，关闭高压电源开关。

表2.3.2 烟尘微粒实验数据记录表

电晕电流 $I/\mu A$	临界输出电压 U/kV

2）泡沫塑料微粒

使用泡沫塑料微粒作为测试物，观察静电除尘现象。具体操作步骤如下：

（1）静电除尘装置的圆柱形外电极连接到高压电源的“＋”输出端上，细圆导线状内电极连接到高压电源的“－”输出端上。

（2）打开高压电源开关，调节输出电压调节旋钮逐渐增加电源电压。

（3）将泡沫塑料微粒投入有机玻璃筒使其做自由落体运动，逐渐升高电源输出电压，直到电晕电流达到某一值后，可观察到泡沫塑料微粒的运动轨迹发生了偏转，呈现静电除尘现象。记录此时的临界输出电压与电晕电流值，所测数据填入表 2.3.3 中。

（4）测量完毕后，调节输出电压调节旋钮使得输出电压减小为 0，关闭高压电源开关。

表 2.3.3　泡沫塑料微粒实验数据记录表

电晕电流 $I/\mu A$	临界输出电压 U/kV

5. 实验报告要求

（1）简单描述实验现象，分析施加电压、电晕电流等变量对实验现象的影响。

（2）解答本实验思考题。

6. 思考题

（1）电压高低对除尘效果有何影响？

（2）电压极性对除尘效果有何影响？

（3）为什么要采用细圆导线或具有芒刺状结构的电极？

（4）能否用脉冲电压取代恒定电压？为什么？

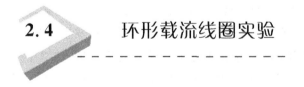

2.4　环形载流线圈实验

1. 实验目的

（1）测量环形载流线圈-铁磁平板系统（原型）的磁场分布和电磁力；

（2）测量环形载流线圈-环形载流线圈系统（等效模型）的磁场分布和电磁力；

（3）掌握基于霍尔效应的高斯计测量磁场的方法；

（4）掌握基于电子秤仪器的电磁力测量方法；

（5）分析环形载流线圈-铁磁平板系统和环形载流线圈-环形载流线圈系统的磁场及

电磁力，进一步理解磁场镜像法。

2. 实验设备

实验设备采用电磁力实验系统，实验设备如表 2.4.1 所示。该系统由电磁力实验平台、环形载流线圈、铁磁平板、盘式电磁铁、数字高斯计、三路可编程直流电源、电子秤以及相关配件组成。

表 2.4.1　电磁力实验系统设备一览表

名　称	型号、规格	数　量
电磁力实验平台	QSEML－DCQZL	1
环形载流线圈	QSEML－ZLXQ	2
铁磁平板	QSEML－DCPB	1
盘式电磁铁	QSEML－DCT	2
数字高斯计	HT201	1
三路可编程直流电源	LPS305C－TC	1
电子秤	BS 系列	1
相关配件	—	若干

1）电磁力实验平台

QSEML－DCQZL 型电磁力实验平台如图 2.4.1 所示，主要为铝质材料，外形尺寸为 400 mm×400 mm×350 mm。电磁力实验平台的上部装有一个可调支架，下部装有一个

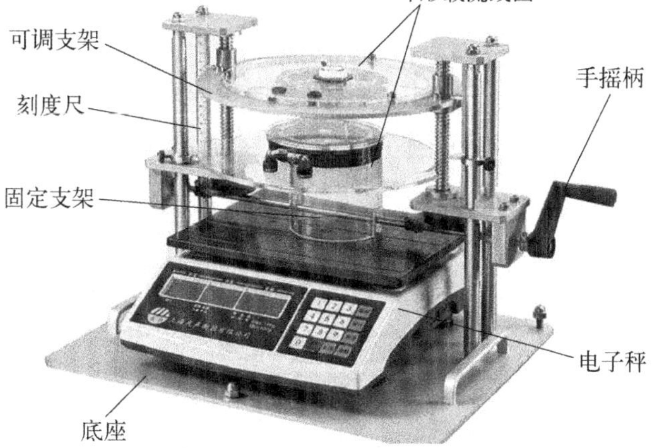

图 2.4.1　QSEML－DCQZL 型电磁力实验平台

固定支架，固定支架水平放置在电子秤上，两个支架处于平行状态。调节可调支架可以改变两个支架之间的垂直距离。支架两边配有坐标尺，可以精确测量两个支架之间的垂直距离。根据实验需要，两个支架都可以搭配安装环形载流线圈、铁磁平板和盘式电磁铁。

2）环形载流线圈

QSEML－ZLXQ 型环形载流线圈如图 2.4.2 所示，主要由载流线圈和有机玻璃骨架构成。载流线圈的内径 $r_1=5.0$ cm，外径 $r_2=6.0$ cm，高度 $D=2.0$ cm，线圈匝数 $N=180$ 匝。

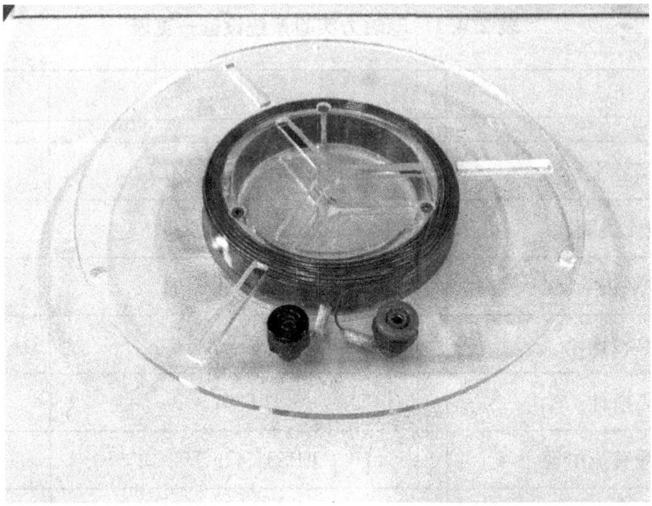

图 2.4.2　QSEML－ZLXQ 型环形载流线圈

3）铁磁平板

QSEML－DCPB 型铁磁平板如图 2.4.3 所示，为铁质材料，外形尺寸：半径 $R=12.4$ cm，厚度 $d=1.2$ cm。铁磁平板的磁导率 $\mu=500\mu_0$，密度 $\rho=7.9\times10^3$ kg/m^3。

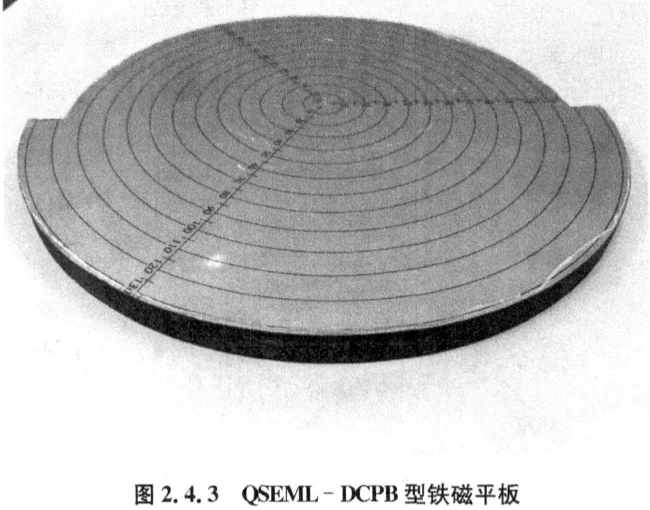

图 2.4.3　QSEML－DCPB 型铁磁平板

4）盘式电磁铁

QSEML－DCT 型盘式电磁铁如图 2.4.4 所示，由载流线圈和磁轭骨架构成。磁轭的半径 $r_3=7.75$ cm，厚度 $W=3.8$ cm，由高磁导率的 A3 钢材料加工制作而成。嵌入的载流线圈内径 $r_1=5.0$ cm，外径 $r_2=5.8$ cm，高度 $D_z=1.2$ cm，线圈匝数 $N=180$ 匝。

图 2.4.4　QSEML－DCT 型盘式电磁铁

5）数字高斯计

高斯计是测量磁场感应强度的仪器，是磁性测量领域中用途最为广泛的测量仪器之一。本实验采用的 HT201 型数字高斯计如图 2.4.5 所示，是单片机控制的便携式数字高

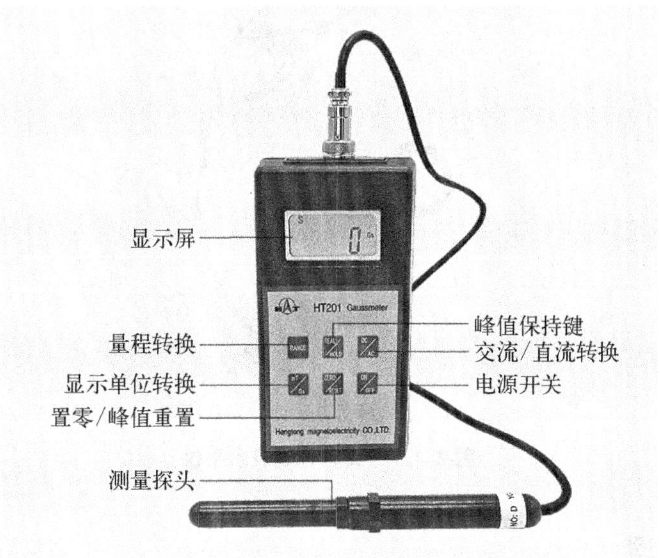

图 2.4.5　HT201 型数字高斯计

斯计，可用于测量直流磁场、交流磁场、辐射磁场等各类磁场的磁感应强度。该仪器可以随身携带，量程广，操作方便，液晶显示清晰。

6）三路可编程直流电源

LPS305C－TC 型三路可编程直流电源如图 2.4.6 所示。每路输出电压和输出电流均可设定为从 0 到最大额定输出值(30 V/3 A×2,5 V/1 A×1)。该三路电源具备高分辨率、高精度以及高稳定性，并且具有限电压、过热保护的功能。此外还提供了串、并联的工作模式，用于提升电压或电流的输出能力。

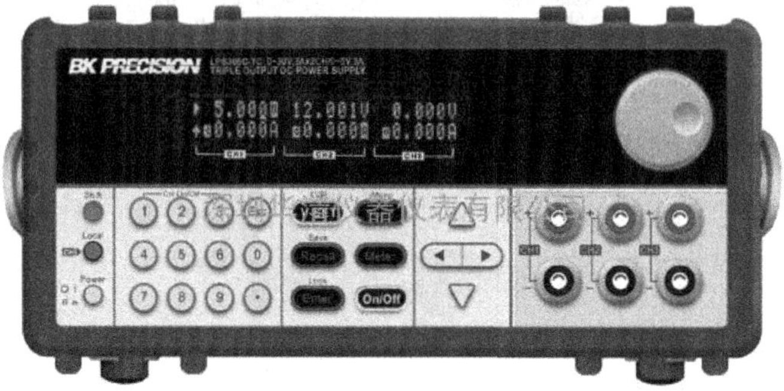

图 2.4.6　LPS305C－TC 型三路可编程直流电源

7）相关配件

相关配件包括若干条实验导线及 1 个水平仪，如图 2.4.7 所示。

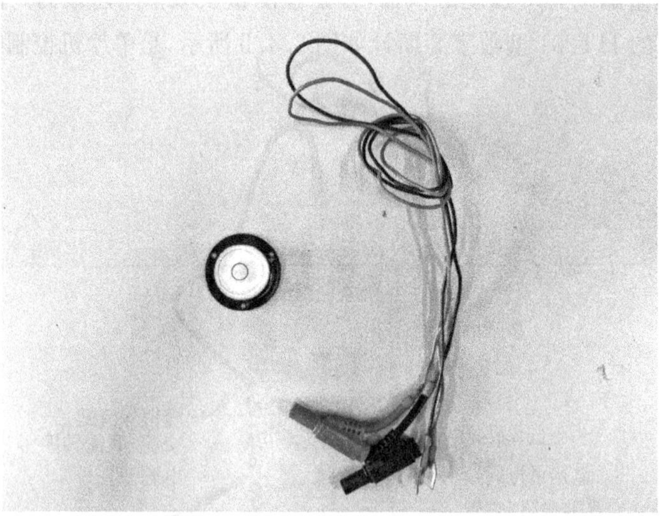

图 2.4.7　实验导线及水平仪

3. 实验原理

环形载流线圈-铁磁平板系统如图 2.4.8 所示，其中圆形铁磁平板半径 $R=12.4$ cm，

厚度 $d=1.2\ \text{cm}$，磁导率 $\mu=500\mu_0$。环形载流线圈的内半径 $r_1=5.0\ \text{cm}$，外半径 $r_2=6.0\ \text{cm}$，高度 $D=2.0\ \text{cm}$，线圈匝数 $N=180$ 匝。

为了应用磁场镜像法进行磁场和电磁力仿真计算，对环形载流线圈-铁磁平板系统进行了理想化假设：当 R 远大于 h、r_1 和 r_2（理论上应令 $R\to\infty$），铁磁平板磁导率 $\mu\to\infty$ 时，则就其上半空间呈轴对称特征的磁场分布而言，可将环形载流线圈-铁磁平板系统近似为环形载流线圈与无限大铁磁平板所构成的磁系统。从而，环形载流线圈-铁磁平板系统上半空间中的磁场分布可等效成环形载流线圈-环形载流线圈系统上半空间中的磁场分布。

环形载流线圈-环形载流线圈系统如图 2.4.9 所示，由原环形载流线圈及其位于镜像对称位置的环形镜像载流线圈所组成，两者同向载流、相距为 $2h$，且处于与环形载流线圈-铁磁平板系统上半空间对应的同一无限大均匀媒质（空气）之中（$\mu\approx\mu_0$）。

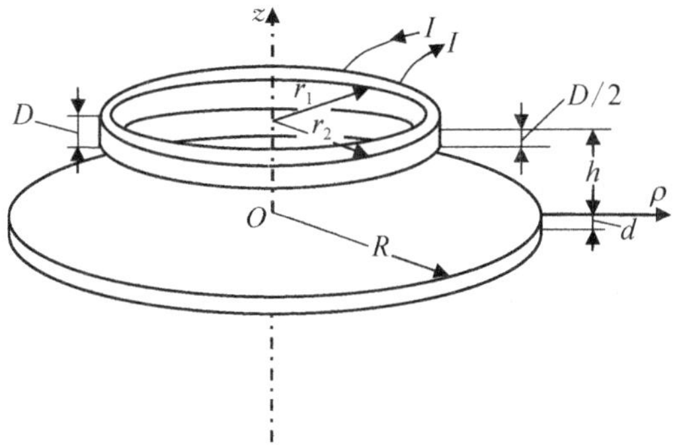

R—圆形铁磁平板的半径；
d—圆形铁磁平板的厚度；
r_1—环形载流线圈的内半径；
r_2—环形载流线圈的外半径；
D—环形载流线圈的高度；
h—环形载流线圈中间平面与铁磁平板上表面之间的距离。

图 2.4.8　环形载流线圈-铁磁平板系统

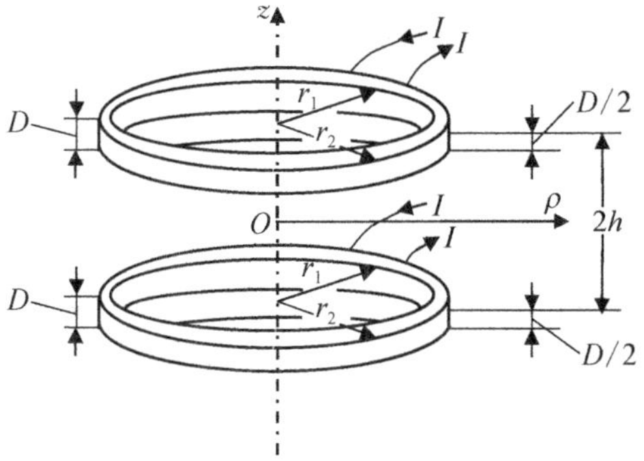

r_1—环形载流线圈的内半径；
r_2—环形载流线圈的外半径；
D—环形载流线圈的高度；
$2h$—环形载流线圈中间平面与其环形镜像载流线圈中间平面之间的距离。

图 2.4.9　环形载流线圈-环形载流线圈系统

如进一步理想化环形载流线圈-环形载流线圈系统，将其中的环形载流线圈简化为半径 $r=(r_1+r_2)/2$、载流 $I'=NI$ 的等效环形线电流，则环形载流线圈-环形载流线圈系统可简化为环形线电流系统，如图 2.4.10 所示。

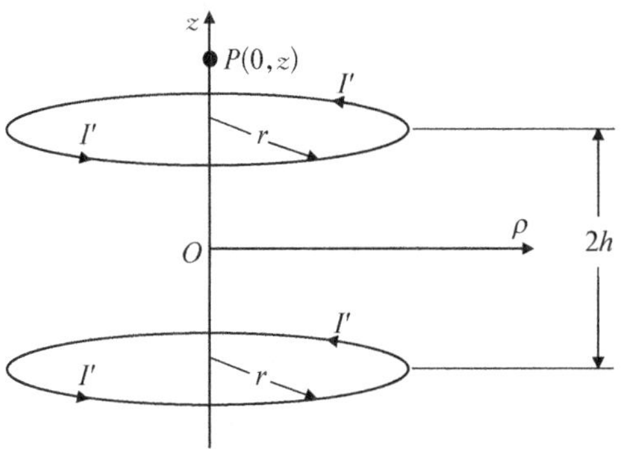

图 2.4.10　环形线电流系统

为了计算图 2.4.10 所示环形线电流系统的磁场，可以先假设一半径为 r 的环形线电流 I，如图 2.4.11 所示。其空间磁场分布呈轴对称形态，故如图选用圆柱坐标系，坐标原点位于其中心，z 轴与对称轴重合。这样，环形线电流中的电流元可记作 $I\mathrm{d}\boldsymbol{l}=I\mathrm{d}l\boldsymbol{e}_\phi$。对称于圆柱坐标 $\phi=0$ 的轴对称平面 ρOz，其成对电流元 $I\mathrm{d}\boldsymbol{l}$ 与 $I\mathrm{d}\boldsymbol{l}'$在任意场点 P 所产生的向量磁位 $\mathrm{d}\boldsymbol{A}_P$ 应是 $\mathrm{d}\boldsymbol{A}_\alpha$ 与 $\mathrm{d}\boldsymbol{A}'_\alpha$的合成，即

$$\mathrm{d}\boldsymbol{A}_P=2\left(\frac{\mu_0}{4\pi}\frac{I\mathrm{d}l}{R}\cos\alpha\right)\boldsymbol{e}_\phi \tag{2.4.1}$$

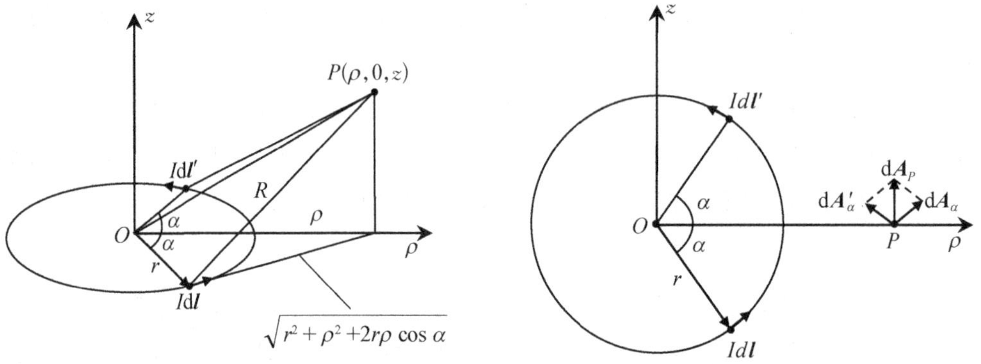

图 2.4.11　环形线电流 I

只有 $\boldsymbol{e}_\phi$ 方向的一个分量。式(2.4.1)中，源点与场点间的距离 $R=\sqrt{r^2+\rho^2-2r\rho\cos\alpha+z^2}$；电流元长度 $\mathrm{d}l=r\mathrm{d}\alpha$，因而整个环形线电流在点 P 产生的向量磁位为

$$\boldsymbol{A}_P=A_P\boldsymbol{e}_\phi=\int\mathrm{d}\boldsymbol{A}_P=\frac{\mu_0 I}{2\pi}\int_0^\pi\frac{r\cos\alpha\,\mathrm{d}\alpha}{R}\boldsymbol{e}_\phi \tag{2.4.2}$$

为将这个积分化成椭圆积分，现作如下的变量代换，即令 $\alpha=\pi+2\theta$，$\mathrm{d}\alpha=2\mathrm{d}\theta$，$\cos\alpha=2\sin^2\theta-1$，则有

$$A_P=\frac{\mu_0 Ir}{\pi}\int_0^{\frac{\pi}{2}}\frac{(2\sin^2\theta-1)\mathrm{d}\theta}{\sqrt{z^2+(r+\rho)^2-4r\rho\sin^2\theta}} \tag{2.4.3}$$

再令

$$k^2=\frac{4r\rho}{z^2+(r+\rho)^2} \tag{2.4.4}$$

则

$$A_P=\frac{\mu_0 I}{\pi k}\sqrt{\frac{r}{\rho}}\left[\left(1-\frac{1}{2}k^2\right)K-E\right] \tag{2.4.5}$$

式中，K、E 分别是第一类和第二类完全椭圆积分，积分模数 k 值取决于场源的几何尺寸与场点位置。

按式(2.4.5)求得向量磁位 $\boldsymbol{A}_P$ 后，即可计算该点的磁感应强度。注意到圆柱坐标系中 $\boldsymbol{B}=\nabla\times\boldsymbol{A}$ 的表达式，现由以上分析知，$A_\rho=A_z=0$，$\boldsymbol{A}=A_\phi\boldsymbol{e}_\phi$，故将式(2.4.5)代入，便得任意场点处的磁感应强度为

$$\boldsymbol{B}=-\frac{\partial A_{\phi}}{\partial z}\boldsymbol{e}_{\rho}+\frac{1}{\rho}\frac{\partial(\rho A_{\phi})}{\partial \rho}\boldsymbol{e}_{z}=B_{\rho}\boldsymbol{e}_{\rho}+B_{z}\boldsymbol{e}_{z}=\sqrt{B_{\rho}^{2}+B_{z}^{2}}\boldsymbol{e}_{\boldsymbol{B}} \tag{2.4.6}$$

式中，$\boldsymbol{B}$ 的各分量为

$$B_{\rho}=\frac{\partial A_{\phi}}{\partial z}=\frac{\mu_{0}I}{2\pi}\frac{z}{\rho[(r+\rho)^{2}+z^{2}]^{\frac{1}{2}}}\left[\frac{r^{2}+\rho^{2}+z^{2}}{(r-\rho)^{2}+z^{2}}E-K\right] \tag{2.4.7}$$

$$B_{\phi}=0 \tag{2.4.8}$$

$$B_{z}=\frac{1}{\rho}\frac{\partial(\rho A_{\phi})}{\partial \rho}=\frac{\mu_{0}I}{2\pi}\frac{1}{[(r+\rho)^{2}+z^{2}]^{\frac{1}{2}}}\left[\frac{r^{2}-\rho^{2}-z^{2}}{(r-\rho)^{2}+z^{2}}E+K\right] \tag{2.4.9}$$

由此可见，当场点 P 位于环形线电流的轴线上时，即 $\rho=0$ 处，因有模数 $k=0$，可推导得，$K(0)=\pi/2$，$E(0)=\pi/2$。从而，可知沿轴线任意场点 P 处的磁感应强度分布为

$$\boldsymbol{B}=B_{z}\boldsymbol{e}_{z}=\frac{\mu_{0}Ir^{2}}{2(r^{2}+z^{2})^{\frac{3}{2}}}\boldsymbol{e}_{z} \tag{2.4.10}$$

若设该环形线电流所在平面沿其轴线平移到 $z=z_o$ 处时，则式(2.4.10)应记为

$$\boldsymbol{B}=B_{z}\boldsymbol{e}_{z}=\frac{\mu_{0}Ir^{2}}{2[r^{2}+(z-z_{o})^{2}]^{\frac{3}{2}}}\boldsymbol{e}_{z} \tag{2.4.11}$$

根据叠加原理，由式(2.4.11)可推导出图 2.4.10 所示环形线电流系统中场点 P 处的磁感应强度分布为

$$\boldsymbol{B}_{P}=B_{Pz}\boldsymbol{e}_{z}=\left\{\frac{\mu_{0}I'r^{2}}{2[r^{2}+(z-h)^{2}]^{\frac{3}{2}}}+\frac{\mu_{0}I'r^{2}}{2[r^{2}+(z+h)^{2}]^{\frac{3}{2}}}\right\}\boldsymbol{e}_{z} \tag{2.4.12}$$

$$(0\leqslant z<\infty)$$

4. 实验内容

1) 测量环形载流线圈-铁磁平板系统的磁感应强度

如图 2.4.8 所示，利用电磁力实验系统搭建环形载流线圈-铁磁平板系统。在 $I=2.0$ A、$h=2.1$ cm 的工况下，使用数字高斯计纵向传感器测量环形载流线圈-铁磁平板系统上半空间对称轴线上典型场点 $P(0,z)$处的磁感应强度。具体操作步骤如下：

(1) 将电磁力实验平台稳固放置在实验桌上，利用水平仪将电磁力实验平台底座调平。

(2) 用专用导线将环形载流线圈连接到三路可编程直流电源的通道 1 上。

(3) 将环形载流线圈安装到电磁力实验平台上部的可调支架上，将铁磁平板安装到电磁力实验平台下部的固定支架上。

注意事项： 在安装环形载流线圈和铁磁平板的时候，要调整两者处于平行状态。

(4) 缓慢转动手摇柄，将环形载流线圈下移贴住铁磁平板，此时环形载流线圈中间平面与铁磁平板上表面之间的距离 $h=D/2+0.47\ \text{cm}=1.47\ \text{cm}$，记下此时支架旁边刻度尺的读数 A。缓慢反向转动手摇柄，将环形载流线圈上移到刻度尺读数为 $A+0.63\ \text{cm}$ 的位置，此时 $h=2.1\ \text{cm}$。

注意事项： 转动手摇柄的时候一定要慢且轻，防止环形载流线圈和铁磁平板接触时的力过大而发生碰撞，造成设备损坏。如此时发现环形载流线圈和铁磁平板不能完全贴合，说明两者不平行，需要重新调整环形载流线圈使两者平行。在调整环形载流线圈中间平面与铁磁平板上表面之间的距离 h 时，除了支架旁边的刻度尺，还可以使用 0.63 cm 厚的圆形插片。缓慢反向转动手摇柄，当环形载流线圈与铁磁平板之间刚好能插入 1 片圆形插片时，说明两者之间的间隙距离为 0.63 cm，即 $h=2.1\ \text{cm}$。

(5) 将带有刻度尺的玻璃管插入上方环形载流线圈的中心孔洞，并垂直立于下方铁磁平板之上。

(6) 为数字高斯计安装纵向传感器，打开高斯计的电源开关，测量模式选择 DC，量程选择 0～200 mT，测量单位选择 mT。去除纵向传感器的保护套，将纵向传感器远离磁场，如显示屏上显示不为“0”，可按“ZERO/RESET”键(调零/重置峰值键)，使之为“0”。

注意事项： 数字高斯计传感器初始读数置零的操作是保证磁感应强度测量精度的前提条件。此外，如测量中需要转换量程或转换测量模式，都必须先重新调零，再进行测量。

(7) 打开三路可编程直流电源的开关，工作模式选择独立模式，按“Local”键切换到通道 1，将通道 1 的电流值预设为 2.0 A，然后按“Enter”键确认，最后按“On/Off”键可将通道 1 的输出电流调到 $I=2.0\ \text{A}$。

(8) 将纵向传感器插入玻璃管并接触到铁磁平板，此时数字高斯计的读数为典型场点 $z=0\ \text{cm}$ 的磁感应强度。参照玻璃管上的刻度尺，将纵向传感器向上提 1.0 cm，此时数字高斯计的读数为典型场点 $z=1.0\ \text{cm}$ 的磁感应强度。同理可测得其他典型场点的磁感应强度。所测数据填入表 2.4.2 中。

注意事项： 纵向传感器插入玻璃管后，在测量磁感应强度时，应保持与环形载流线圈-铁磁平板系统上半空间对称轴线重合。

表 2.4.2 环形载流线圈-铁磁平板系统磁感应强度实验记录表

$P(0,z)$/cm	(0,0)	(0,1)	(0,2)	(0,3)	(0,4)	(0,5)	(0,6)	(0,7)	(0,8)
环形载流线圈-铁磁平板系统磁感应强度 B_z/mT(实测值)									

(9) 测完环形载流线圈-铁磁平板系统中所有典型场点的磁感应强度后，将纵向传感器取出，按下三路可编程直流电源的"On/Off"键，关闭通道1。

2) 测量环形载流线圈-铁磁平板系统的电磁力

如图2.4.8所示，利用电磁力实验系统搭建环形载流线圈-铁磁平板系统。在 $h=1.56$ cm的工况下，利用电子秤测量不同激磁电流下的电磁力。具体操作步骤如下：

(1) 将电磁力实验平台稳固放置在实验桌上，利用水平仪将电磁力实验平台底座调平。

(2) 用专用导线将环形载流线圈连接到三路可编程直流电源的通道1上。

(3) 将环形载流线圈安装到电磁力实验平台上部的可调支架上，将铁磁平板安装到电磁力实验平台下部的固定支架上。

注意事项： 在安装环形载流线圈和铁磁平板的时候，要调整两者处于平行状态，同时需注意铁磁平板不要碰到两边的金属支架。

(4) 缓慢转动手摇柄，将环形载流线圈下移贴住铁磁平板，此时环形载流线圈中间平面与铁磁平板上表面之间的距离 $h=D/2+0.47\ \text{cm}=1.47\ \text{cm}$，记下此时支架旁边刻度尺的读数 A。缓慢反向转动手摇柄，将环形载流线圈上移到刻度尺读数为 $A+0.09$ cm的位置，此时 $h=1.56$ cm。

注意事项： 转动手摇柄的时候一定要慢且轻，防止环形载流线圈和铁磁平板接触时的力过大而发生碰撞，造成设备损坏。如此时发现环形载流线圈和铁磁平板不能完全贴合，说明两者不平行，需要重新调整环形载流线圈使两者平行。在调整环形载流线圈中间平面与铁磁平板上表面之间的距离 h 时，除了支架旁边的刻度尺，还可以使用0.09 cm厚的圆形插片。缓慢反向转动手摇柄，当环形载流线圈与铁磁平板之间刚好能插入1片圆形插片时，说明两者之间的间隙距离为0.09 cm，即 $h=1.56$ cm。

(5) 打开电子秤的电源，等系统自检通过后，按下去皮键，此时电子秤显示为"0"，且"去皮"标志被点亮。

注意事项： 按下电子秤去皮键后，此时铁磁平板和固定支架的质量被减除。

(6) 打开三路可编程直流电源的开关，工作模式选择独立模式，按"Local"键切换到通道1，将通道1的电流值预设为1.0 A，然后按Enter键确认。

(7) 按下三路可编程直流电源的"On/Off"键，通道1的输出电流即为 $I=1.0$ A。在表2.4.3中记录此时电子秤的读数。

注意事项： 电子秤的显示单位为g，如果数字前带有"－"号，表示此时电磁力是吸力，反之表示电磁力为斥力。

(8) 重复实验步骤(6)和(7)，依次调节激磁电流 I 为1.5 A、2.0 A、2.5 A和3.0 A，在表2.4.3中记录对应的电磁力。

表 2.4.3 环形载流线圈-铁磁平板系统电磁力实验记录表

激磁电流 I/A	1.0	1.5	2.0	2.5	3.0
环形载流线圈-铁磁平板系统电子秤读数 m/g					
环形载流线圈-铁磁平板系统电磁力实测值 F_z/N					

(9) 所有电磁力数据记录完成后，按下三路可编程直流电源的“On/Off”键，关闭通道 1。

3) 测量环形载流线圈-环形载流线圈系统的磁感应强度

如图 2.4.9 所示，利用电磁力实验系统搭建环形载流线圈-环形载流线圈系统。在 $I=2.0$ A、$h=4.2$ cm 的工况下，使用数字高斯计纵向传感器测量环形载流线圈-环形载流线圈系统上半空间对称轴线上典型场点 $P(0,z)$处的磁感应强度。具体操作步骤如下：

(1) 用专用导线将第 2 个环形载流线圈连接到三路可编程直流电源的通道 2 上。

注意事项： 第 2 个环形载流线圈中的电流方向应与第 1 个环形载流线圈中的电流方向一致。如果电流方向不一致，则上下两个环形载流线圈产生的磁场会相互抵消。

(2) 将电磁力实验平台固定支架上的铁磁平板更换成第 2 个环形载流线圈。

注意事项： 在将铁磁平板更换成第 2 个环形载流线圈的时候，要调整上下两个环形载流线圈处于平行状态。

(3) 缓慢转动手摇柄，将上方环形载流线圈下移贴住下方环形载流线圈，此时上下两个环形载流线圈中间平面之间的距离 $h=D+0.94$ cm$=2.94$ cm，记下此时支架旁边刻度尺的读数 A。缓慢反向转动手摇柄，将环形载流线圈上移到刻度尺读数为 $A+1.26$ cm 的位置，此时 $h=4.2$ cm。

注意事项： 转动手摇柄的时候一定要慢且轻，防止上下两个环形载流线圈接触时的力过大而发生碰撞，造成设备损坏。如此时发现上下两个环形载流线圈不能完全贴合，说明两者不平行，需要重新调整上下两个环形载流线圈使两者平行。在调整上下两个环形载流线圈中间平面之间的距离 h 时，除了支架旁边的刻度尺，还可以使用 0.63 cm 厚的圆形插片。缓慢反向转动手摇柄，当上下两个环形载流线圈之间刚好能插入 2 片圆形插片时，说明两者之间的间隙距离为 1.26 cm，即 $h=4.2$ cm。

(4) 将 1 片 0.63 cm 厚的圆形插片放在下方环形载流线圈中心位置上。

注意事项： 因为环形载流线圈-环形载流线圈系统上半空间对称轴 z 轴的原点位于上下两个环形载流线圈的正中间，所以必须在下方环形载流线圈上加上 1 片圆形插片。

(5) 将带有刻度尺的玻璃管插入上方环形载流线圈的中心孔洞，并垂直立于下方圆形插片之上。

(6) 按三路可编程直流电源的"Local"键切换到通道 2,将通道 2 的电流值预设为 2.0 A,然后按"Enter"键确认,最后按下"On/Off"键可将通道 2 和通道 1 的输出电流都调到 $I=2.0$ A。

注意事项: 三路可编程直流电源的通道 1 和通道 2 的输出电流都要调到 $I=2.0$ A,电流值不对,或仅打开其中 1 个通道都会影响实验数值。

(7) 将纵向传感器插入玻璃管并接触到圆形插片,此时数字高斯计的读数为典型场点 $z=0$ cm 的磁感应强度。参照玻璃管上的刻度尺,将纵向传感器向上提 1 cm,此时数字高斯计的读数为典型场点 $z=1$ cm 的磁感应强度。同理可测得其他典型场点的磁感应强度。所测数据填入表 2.4.4 中。

注意事项: 纵向传感器插入玻璃管后,在测量磁感应强度时,应保持与环形载流线圈-环形载流线圈系统上半空间对称轴线 z 轴重合。

表 2.4.4　环形载流线圈-环形载流线圈系统磁感应强度实验记录表

$P(0,z)$/cm	(0,0)	(0,1)	(0,2)	(0,3)	(0,4)	(0,5)	(0,6)	(0,7)	(0,8)
环形载流线圈-环形载流线圈系统磁感应强度 B'_z/mT(实测值)									

(8) 测完环形载流线圈-环形载流线圈系统中所有典型场点的磁感应强度后,将纵向传感器取出,套上保护套,关闭数字高斯计的开关,按下三路可编程直流电源的"On/Off"键,关闭三路可编程直流电源的开关。

4) 测量环形载流线圈-环形载流线圈系统的电磁力

如图 2.4.9 所示,利用电磁力实验系统搭建环形载流线圈-环形载流线圈系统。在 $h=3.12$ cm 的工况下,利用电子秤测量不同激磁电流下的电磁力。具体操作步骤如下:

(1) 用专用导线将第 2 个环形载流线圈连接到三路可编程直流电源的通道 2 上。

注意事项: 第 2 个环形载流线圈中的电流方向应与第 1 个环形载流线圈中的电流方向一致。如果电流方向不一致,则上下两个环形载流线圈产生的电磁力会相互抵消。

(2) 将电磁力实验平台固定支架上的铁磁平板更换成第 2 个环形载流线圈。

注意事项: 在将铁磁平板更换成第 2 个环形载流线圈的时候,要调整上下两个环形载流线圈处于平行状态,同时注意第 2 个环形载流线圈不要碰到两边的金属支架。

(3) 缓慢转动手摇柄,将上方环形载流线圈下移贴住下方环形载流线圈,此时上下两个环形载流线圈中间平面之间的距离 $h=D+0.94$ cm$=2.94$ cm,记下此时支架旁边刻度尺的读数 A。缓慢反向转动手摇柄,将环形载流线圈上移到刻度尺读数为 $A+0.18$ cm 的位置,此时 $h=3.12$ cm。

注意事项: 转动手摇柄的时候一定要慢且轻,防止上下两个环形载流线圈接触时的力过大而发生碰撞，造成设备损坏。如此时发现上下两个环形载流线圈不能完全贴合，说明两者不平行，需要重新调上下两个环形载流线圈使两者平行。在调整上下两个环形载流线圈中间平面之间的距离 h 时，除了支架旁边的刻度尺，还可以使用 0.09 cm 厚的圆形插片。缓慢反向转动手摇柄，当上下两个环形载流线圈之间刚好能插入 2 片圆形插片时，说明两者之间的间隙距离为 0.18 cm，即 $h=3.12$ cm。

(4) 按下电子秤去皮键，此时电子秤显示为“0”，且“去皮”标志被点亮。

注意事项： 按下电子秤去皮键后，此时下方环形载流线圈和固定支架的质量被减除。

(5) 按三路可编程直流电源的“Local”键切换到通道 1，将通道 1 的电流值预设为 1.0 A，然后按“Enter”键确认。重新按“Local”键切换到通道 2，将通道 2 的电流值预设为 1.0 A，然后按“Enter”键确认。

注意事项： 三路可编程直流电源的通道 1 和通道 2 的输出电流都要调到 $I=1.0$ A，电流值不对，或仅打开其中 1 个通道都会影响电磁力值。

(6) 按下三路可编程直流电源的“On/Off”键，通道 1 和通道 2 的输出电流都为 $I=1.0$ A。在表 2.4.5 中记录此时电子秤的读数。

注意事项： 电子秤的显示单位为 g，如果数字前带有“－”号，表示此时电磁力是吸力，反之表示电磁力为斥力。

表 2.4.5　环形载流线圈-环形载流线圈系统电磁力实验记录表

激磁电流 I/A	1.0	1.5	2.0	2.5	3.0
环形载流线圈-环形载流线圈系统电子秤读数 m'/g					
环形载流线圈-环形载流线圈系统电磁力实测值 F'_z(N)					

(7) 重复实验步骤(6)和(7)，依次调节激磁电流 I 为 1.5 A、2.0 A、2.5 A 和 3.0 A，在表 2.4.5 中记录对应的电磁力。

(8) 所有电磁力数据记录完成后，按下三路可编程直流电源的“On/Off”键，关闭通道 1 和通道 2。

5. 实验报告要求

(1) 分析环形载流线圈-铁磁平板系统的上半空间沿轴线处 B_z 的分布特征。

(2) 分析环形载流线圈-铁磁平板系统的电磁力实测值 F_z 与激磁电流 I 的关系。

(3) 分析环形载流线圈-环形载流线圈系统的上半空间沿轴线处 B'_z 的分布特征。

(4) 分析环形载流线圈-环形载流线圈系统的电磁力实测值 F'_z 与激磁电流 I 的

关系。

(5) 解答本实验的思考题。

6. 思考题

(1) 通过对环形载流线圈-铁磁平板系统上半空间沿轴线处实测值 B_z 和环形载流线圈-环形载流线圈系统上半空间沿轴线处实测值 $B'z$ 的对比分析，讨论是否可以采用磁镜像法将环形载流线圈-铁磁平板原型 ($R = 12.4$ cm) 等效为两个环形载流线圈组成的等效模型？

(2) 为什么磁悬浮实验中的载流线圈与铝板之间是斥力，而本实验的载流线圈与铁磁平板之间却是吸力？

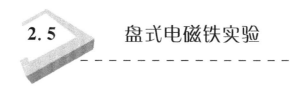

2.5 盘式电磁铁实验

1. 实验目的

(1) 测量盘式电磁铁-铁磁平板系统的磁场分布和电磁力；

(2) 掌握基于霍尔效应的高斯计测量磁场的方法；

(3) 掌握基于电子秤仪器的电磁力测量方法。

2. 实验设备

实验设备采用电磁力实验系统，如表 2.4.1 所示。该系统由电磁力实验平台、环形载流线圈、铁磁平板、盘式电磁铁、数字高斯计、三路可编程直流电源、电子秤以及相关配件组成。

3. 实验原理

盘式电磁铁-铁磁平板系统如图 2.5.1 所示。

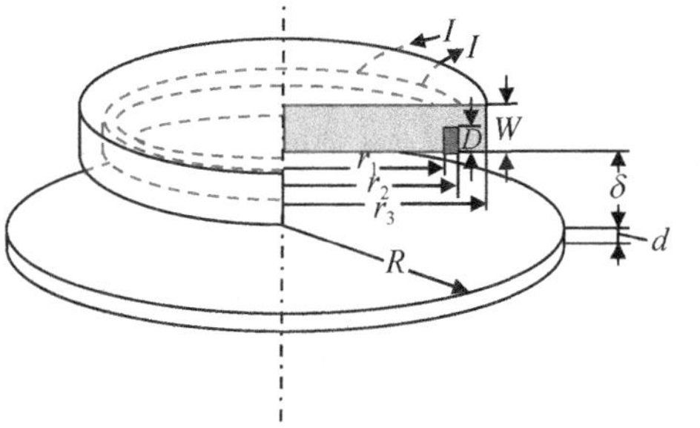

R—圆形铁磁平板的半径；
r_1—环形线圈的内半径；
r_2—环形线圈的外半径；
r_3—盘式电磁铁的外半径；
W—盘式电磁铁的高度；
N—环形线圈的匝数；
δ—盘式电磁铁与铁磁平板之间的间距；
d—圆形铁磁平板的厚度；
D—环形线圈的高度；
I—环形线圈的电流。

图 2.5.1　盘式电磁铁-铁磁平板系统

在分析其上半空间呈轴对称特征的磁场分布时，因盘式电磁铁的磁轭为铁磁材料，故计及该铁磁材料的磁饱和效应，其磁导率 μ 是磁感应强度 $\boldsymbol{B}$ 的函数，即

$$\mu=\mu(|\boldsymbol{B}|)=\mu(|\nabla\times\boldsymbol{A}|) \tag{2.5.1}$$

因此，以矢量磁位 $\boldsymbol{A}=A_\phi\boldsymbol{e}_\phi$ 为待求量，其磁场分布的数学模型应归结为轴对称的非线性边值问题：

$$\begin{cases}\dfrac{\partial}{\partial\rho}\left(\dfrac{1}{\mu\rho}\dfrac{\partial(\rho A_\phi)}{\partial\rho}\right)+\dfrac{\partial}{\partial z}\left(\dfrac{1}{\mu\rho}\dfrac{\partial(\rho A_\phi)}{\partial z}\right)=-J_\phi \quad (\rho,z)\in D/2\\ \dfrac{1}{\mu}\dfrac{\partial(\rho A_{\phi1})}{\partial n}\bigg|_{L'}=\dfrac{1}{\mu_0}\dfrac{\partial(\rho A_{\phi2})}{\partial n}\bigg|_{L'}\\ A_{\phi1}|_{L'}=A_{\phi2}|_{L'}\\ \dfrac{1}{\mu_0}\dfrac{\partial A_\phi}{\partial n}\bigg|_{L(z=0,0<\rho<\infty)}=0\\ \rho A_\phi\bigg|_{L\left(\substack{\rho=0,0<z<\infty\\ \rho\to\infty,z\to\infty}\right)}=0\end{cases} \tag{2.5.2}$$

式中，在上半空间($D/2$)的外边界 L 上给定边界条件为

(1) 设在轴对称平面上，与对称轴相重，并扩展至无限远处的外边界 L 给定为一磁场线，即令该处 $\rho A_\phi=0$；

(2) 理想化铁磁平板磁导率 $\mu\to\infty$，即令该处磁感应强度的切向分量 $B_t=0$，从而应有

$$\frac{1}{\mu_0}\frac{\partial A_\phi}{\partial n}\bigg|_{L(z=0,0<\rho<\infty)}=0 \tag{2.5.3}$$

而在场域 $D/2$ 内，不同媒质分界面上，则应给定衔接条件为式(2.5.4)和式(2.5.5)。

$$\frac{1}{\mu}\frac{\partial(\rho A_{\phi1})}{\partial n}\bigg|_{L'}=\frac{1}{\mu_0}\frac{\partial(\rho A_{\phi2})}{\partial n}\bigg|_{L'} \tag{2.5.4}$$

$$A_{\phi1}|_{L'}=A_{\phi2}|_{L'} \tag{2.5.5}$$

基于有限元数值计算方法，在保持盘式电磁铁-铁磁平板系统结构和几何尺寸不变的前提下，即可计算出上述轴对称非线性边值问题的数值解。进一步分析表明，在满足计算精度的条件下，可合理地令盘式电磁铁磁轭的磁导率 μ 为一足够大的常数（如 $\mu=500\mu_0$），便可得盘式电磁铁-铁磁平板系统上半空间呈轴对称特征的磁场分布的数值解。

图 2.5.1 所示的盘式电磁铁-铁磁平板系统的电磁力主要取决于该盘式电磁铁与铁磁平板之间的气隙磁场。为了能对该系统电磁力进行近似理论计算，可假设盘式电磁铁磁轭与铁磁平板的磁导率 $\mu\to\infty$。当铁磁平板半径 $R\gg\delta$、r_1、r_2、r_3 时，将气隙磁场近似

看作均匀分布的磁场，且忽略气隙外缘和线圈处磁场的扩散效应。因此，如图2.5.2所示，在近似理论计算中，可由安培环路定律的解析计算法，简捷地算出气隙处的磁感应强度 B_δ，即在所分析的轴对称平面（ρOz）上，对应于与总激磁电流 NI 交链的闭合路径 l，应有

$$\oint_l \boldsymbol{H} \cdot \mathrm{d}\boldsymbol{l} = NI \tag{2.5.6}$$

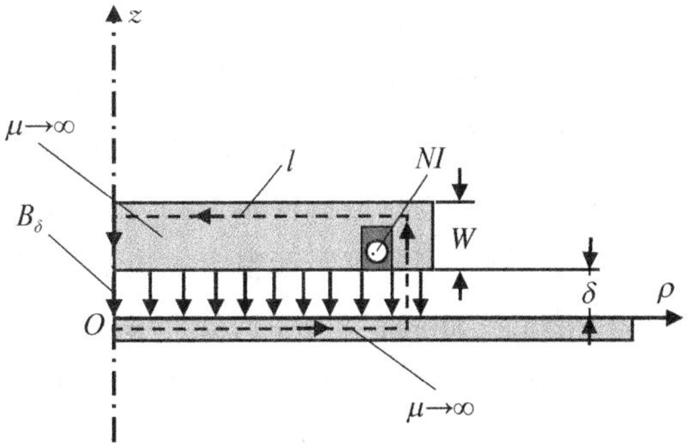

图2.5.2　盘式电磁铁系统 B_δ 的计算图

而假设电磁铁磁轭与铁磁平板的磁导率 $\mu \to \infty$，故其内 $H \approx 0$。于是可得气隙处的磁感应强度为

$$B_\delta = \mu_0 H_\delta = \frac{\mu_0 NI}{2\delta} \tag{2.5.7}$$

从而，应用法拉第观点即可求得该盘式电磁铁系统在气隙均匀磁场作用下，其盘式电磁铁下表面或铁磁平板上表面每单位面积上所受的磁场力为

$$F_0 = \frac{B_\delta^2}{2\mu_0} = \frac{\mu_0 N^2 I^2}{8\delta^2} \tag{2.5.8}$$

因而对盘式电磁铁下表面呈现的总吸力为

$$F = SF_0 \approx \frac{\mu_0 \pi N^2 I^2}{8\delta^2}(r_3^2 - r_2^2 + r_1^2) \tag{2.5.9}$$

4. 实验内容

1）测量盘式电磁铁-铁磁平板系统的磁感应强度

如图2.5.1所示，利用电磁力实验系统搭建盘式电磁铁-铁磁平板系统。在 $I=2.0$ A、$\delta=0.8$ cm 的工况下，分别使用数字高斯计横向和纵向传感器测量上述系统中铁磁平板表面典型场点 $P(\rho,0)$ 处 z 向和径向的磁感应强度。具体操作步骤如下：

（1）将电磁力实验平台稳固放置在实验桌上，利用水平仪将电磁力实验平台底座调平。

（2）用专用导线将盘式电磁铁连接到三路可编程直流电源的通道1上。

（3）将盘式电磁铁安装到电磁力实验平台上部的可调支架上，将铁磁平板安装到电磁力实验平台下部的固定支架上。

注意事项： 在安装盘式电磁铁和铁磁平板的时候，要调整两者处于平行状态。

（4）缓慢转动手摇柄，将盘式电磁铁下移贴住铁磁平板，此时盘式电磁铁下表面与铁

磁平板上表面之间的距离 $\delta=0$ cm，记下此时支架旁边刻度尺的读数 A。缓慢反向转动手摇柄，将环形载流线圈上移到刻度尺读数为 $A+0.83$ cm 的位置，此时 $\delta=0.83$ cm。

注意事项：转动手摇柄的时候一定要慢且轻，防止盘式电磁铁和铁磁平板接触时的力过大而发生碰撞，造成设备损坏。如此时发现盘式电磁铁和铁磁平板不能完全贴合，说明两者不平行，需要重新调整盘式电磁铁使两者平行。在调整盘式电磁铁下表面与铁磁平板上表面之间的距离 δ 时，除了支架旁边的刻度尺，还可以使用 0.83 cm 厚的圆形插片。缓慢反向转动手摇柄，当盘式电磁铁与铁磁平板之间刚好能插入 1 片圆形插片时，说明两者之间的间隙距离为 0.83 cm，即 $\delta=0.83$ cm。

(5) 为数字高斯计安装横向传感器，打开高斯计的电源开关，测量模式选择 DC，量程选择 0～200 mT，测量单位选择 mT。去除纵向传感器的保护套，将纵向传感器远离磁场，如显示屏上显示不为“0”，可按“ZERO/RESET”键(调零/重置峰值键)，使之为“0”。

注意事项：数字高斯计传感器初始读数置零的操作是保证磁感应强度测量精度的前提条件。此外，如测量中需要转换量程或转换测量模式，都必须先重新调零，再进行测量。

(6) 打开三路可编程直流电源的开关，工作模式选择独立模式，按“Local”键切换到通道 1，将通道 1 的电流值预设为 2.0 A，然后按“Enter”键确认，最后按下“On/Off”键可将通道 1 的输出电流调到 $I=2.0$ A。

(7) 将横向传感器紧贴铁磁平板上表面水平放置于中心点，此时数字高斯计的读数为典型场点 $\rho=0$ cm 的 z 向磁感应强度。参照直尺，将横向传感器沿铁磁平板径向向外移动 2 cm，此时数字高斯计的读数为典型场点 $\rho=2$ cm 的 z 向磁感应强度。同理可测得其他典型场点的 z 向磁感应强度。所测数据填入表 2.5.1 中。

注意事项：测量时注意保持横向传感器的水平，否则读数会不准确。

表 2.5.1　盘式电磁铁-铁磁平板系统磁感应强度实验记录表

$P(\rho,0)$/cm	(0,0)	(2,0)	(4,0)	(5,0)	(5.5,0)	(6,0)	(8,0)	(10,0)
磁感应强度 B_z/mT(实测值)								
磁感应强度 $B\rho$/mT(实测值)								

(8) 将横向传感器更换为纵向传感器，再将纵向传感器紧贴铁磁平板上表面水平放置于中心点，此时数字高斯计的读数为典型场点 $\rho=0$ cm 的径向磁感应强度。参照直尺，将纵向传感器沿铁磁平板径向向外移动 2 cm，此时数字高斯计的读数为典型场点 $\rho=2$ cm 的径向磁感应强度。同理可测得其他典型场点的径向磁感应强度。所测数据填入表 2.5.1 中。

注意事项：测量时注意保持纵向传感器的水平，否则读数会不准确。

(9) 测完环形载流线圈-铁磁平板系统中所有典型场点的磁感应强度后，将传感器套上保护套，按下三路可编程直流电源的“On/Off”键，关闭三路可编程直流电源的开关。

2) 测量盘式电磁铁-铁磁平板系统的电磁力

如图2.5.1所示，利用电磁力实验系统搭建盘式电磁铁-铁磁平板系统。在$\delta=0.83$ cm的工况下，利用电子秤测量不同激磁电流下的电磁力。具体操作步骤如下：

(1) 将电磁力实验平台稳固放置在实验桌上，利用水平仪将电磁力实验平台底座调平。

(2) 用专用导线将盘式电磁铁连接到三路可编程直流电源的通道1上。

(3) 将盘式电磁铁安装到电磁力实验平台上部的可调支架上，将铁磁平板安装到电磁力实验平台下部的固定支架上。

注意事项：在安装盘式电磁铁和铁磁平板的时候，要调整两者处于平行状态。

(4) 缓慢转动手摇柄，将盘式电磁铁下移贴住铁磁平板，此时盘式电磁铁下表面与铁磁平板上表面之间的距离$\delta=0$ cm，记下此时支架旁边刻度尺的读数A。缓慢反向转动手摇柄，将环形载流线圈上移到刻度尺读数为$A+0.83$ cm的位置，此时$\delta=0.83$ cm。

注意事项：转动手摇柄的时候一定要慢且轻，防止盘式电磁铁和铁磁平板接触时的力过大而发生碰撞，造成设备损坏。如此时发现盘式电磁铁和铁磁平板不能完全贴合，说明两者不平行，需要重新调整盘式电磁铁使两者平行。在调整盘式电磁铁下表面与铁磁平板上表面之间的距离δ时，除了支架旁边的刻度尺，还可以使用0.83 cm厚的圆形插片。缓慢反向转动手摇柄，当盘式电磁铁与铁磁平板之间刚好能插入1片圆形插片时，说明两者之间的间隙距离为0.83 cm，即$\delta=0.83$ cm。

(5) 打开电子秤的电源，等系统自检通过后，按下去皮键，此时电子秤显示为“0”，且“去皮”标志被点亮。

注意事项：按下电子秤去皮键后，此时铁磁平板和固定支架的质量被减除。

(6) 打开三路可编程直流电源的开关，工作模式选择独立模式，按“Local”键切换到通道1，将通道1的电流值预设为0.1 A，然后按“Enter”键确认。

(7) 按下三路可编程直流电源的“On/Off”键，通道1的输出电流即为$I=0.1$ A。记录此时电子秤的读数，填入表2.5.2中。

注意事项：电子秤的显示单位为g，如果数字前带有“－”号，表示此时电磁力是吸力，反之表示电磁力为斥力。

(8) 重复实验步骤(6)和(7)，依次调节激磁电流I为0.5 A、1.0 A、1.5 A、2.0 A、2.5 A和2.64 A，记录对应的电磁力，填入表2.5.2中。

(9) 所有电磁力数据记录完成后，按下三路可编程直流电源的“On/Off”键，关闭通道1。

表 2.5.2　盘式电磁铁-铁磁平板系统电磁力实验记录表

激磁电流 I/A	0.1	0.5	1.0	1.5	2.0	2.5	2.64
电子秤读数 m/g							
电磁力 F_{m}/N							

5. 实验报告要求

(1) 分析盘式电磁铁-铁磁平板系统在铁磁平板上表面沿 z 向 B_z 的分布特征。

(2) 分析盘式电磁铁-铁磁平板系统的电磁力实测值 F_{m} 与激磁电流 I 的关系。

(3) 解答本实验的思考题。

6. 思考题

(1) 盘式电磁铁-铁磁平板系统是轴对称场吗？是否可以近似为平行平面二维场？

(2) 同等情况下，盘式电磁铁的电磁力比环形载流线圈的电磁力强很多，为什么？

第 3 章 电磁场仿真实验

随着计算机技术的飞速进步，仿真计算软件在近年来得到了较大的发展，各种功能的电磁仿真软件相继问世，功能强大，仿真计算的精度和效率也日益增强，是电磁研究者的有力辅助工具。以 MATLAB 为典型代表的专业数学软件已在许多课程教学领域中有大量的应用。它们不仅具有强大的矩阵运算、公式推导等科学计算功能，友好便捷的算法设计、编程实现、程序调试等算法开发功能，还具备丰富的科学数据可视化功能，以及动态图片和视频的制作功能，可以描绘出等高线、矢量线、密度图，以及各类二维、三维图形，为学生理解和掌握电磁场的时空分布提供了极大便利。

MATLAB 是美国 MathWorks 公司于 20 世纪 80 年代中期出品的高性能数值计算软件，适用于算法开发、数据可视化、数据分析以及数值计算的高级技术计算语言和交互式环境。由于具有友好的工作平台和编程环境、简单易用的程序语言、强大的科学计算机数据处理能力、出色的图形处理功能等明显优点，已经成为线性代数、控制理论、数理统计、数字信号处理、动态系统仿真等数学与工程领域的基本仿真计算与设计工具。电磁场看不见，摸不着，使用 MATLAB 软件的偏微分方程工具箱(PDE Toolbox)可以解决处理电磁场的很多问题，通过仿真结果可以直观地观察电场(电场线)及电位(等位线)，加强对相关概念的理解。

本章利用 MATLAB 对磁通球实验、磁悬浮实验、静电除尘实验、环形载流线圈实验、盘式电磁铁实验五个实物实验项目进行建模并仿真，将“电磁场”课程的理论知识与 MATLAB 数据可视化的应用实例结合，形象直观地表现了电场或磁场的分布情况，同时验证理论计算结果，可对电磁场的理论从抽象的理解过渡到感性认识，对工程实际问题产生形象思维。

3.1 磁通球仿真

1. 实验目的

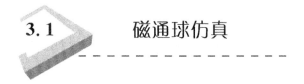

通过理论分析，可推导出磁通球球体内部磁场是均匀磁场，外部磁场与磁偶极子的磁场分布一致。通过仿真实验，即应用 MATLAB 画出磁通球沿面的 z 向磁场与径向磁场分布曲线，以及磁通球球体内部与外部的磁场矢量分布图，从而实现磁场分布理论值与实测值的对比分析。

2. 实验原理

1）磁通球（球形载流线圈）内外磁场分布

磁通球（球形载流线圈）的示意图如图 2.1.2 所示，其球体内部呈轴对称性的计算场域如图 2.1.3 所示。磁通球为具有 z 向均匀的匝数密度分布的球形载流线圈，其球体内部的磁场是均匀分布的。当在 z 向均匀匝数密度的球形线圈中通以电流 i 时，可等效为流经球表面层的面电流密度为 K 的分布。显然，其等效原则在于载流安匝不变。设沿球表面的匝密分布为 W'，则在与元长度 dz 对应的球面弧元 $R\mathrm{d}\theta$ 上，应有

$$(W'R\mathrm{d}\theta)i=\left(\frac{N}{2R}\mathrm{d}z\right)i \tag{3.1.1}$$

因在球面上，$z=R\cos\theta$，所以

$$|\mathrm{d}z|=|\mathrm{d}(R\cos\theta)|=R\sin\theta\mathrm{d}\theta \tag{3.1.2}$$

代入式(3.1.1)，可知对应于球面上线匝密度分布 W'

$$W'=\frac{\frac{N}{2R}\cdot R\sin\theta\mathrm{d}\theta}{R\mathrm{d}\theta}=\frac{N}{2R}\sin\theta \tag{3.1.3}$$

即在球表面上，面电流密度 $\boldsymbol{K}$ 的分布为

$$\boldsymbol{K}=\frac{N}{2R}i\sin\theta\boldsymbol{e}_{\phi} \tag{3.1.4}$$

由式(3.1.4)可见，周向分布的面电流密度 $\boldsymbol{K}$ 的大小正比于 $\sin\theta$。

由于漆包线中电流 i 是恒定的，在实际缠绕磁通球（球形载流线圈）时，无法实现沿球面的电流密度为 $i\sin\theta$ 分布，只能采用沿球面的匝数密度为 $N\sin\theta$ 分布来等效。磁通球（球形载流线圈）实物如图 3.1.1 所示，采用了“隔几匝绕几匝”的方法，使沿球面的匝数密

图 3.1.1　磁通球（球形载流线圈）实物图

度分布近似为正弦分布。

因为在由球面上面电流密度 **K** 所界定的球内外轴对称场域中，没有自由电流的分布，所以，可采用标量磁位 φ_m 为待求场量，列出待求的边值问题如下：

$$\begin{cases}\text{泛定方程：} \\ \nabla^2\varphi_{m1}=0 \quad (r\leqslant R) & (3.1.5) \\ \nabla^2\varphi_{m2}=0 \quad (r>R) & (3.1.6) \\ \text{定解条件：} \\ H_{t1}-H_{t2}=-\dfrac{N}{2R}i\sin\theta \quad (r=R) & (3.1.7) \\ \mu_0 H_{r1}-\mu_0 H_{r2}=0 \quad (r=R) & (3.1.8) \\ \varphi_{m1}\big|_{r=0}=0 & (3.1.9) \\ -\nabla\varphi_{m2}\big|_{r\to\infty}=0 & (3.1.10)\end{cases}$$

式(3.1.5)～式(3.1.10)中泛定方程为拉普拉斯方程，定解条件由球表面处的辅助边界条件、标量磁位的参考点，以及离该磁通球无限远处磁场衰减为零的物理条件所组成。由式(3.1.5)、式(3.1.6)，利用球坐标方程、分离变量法可解得

$$\begin{cases}\varphi_{m1}=A_1 r\cos\theta+B_1 r^{-2}\cos\theta & (r\leqslant R) \\ \varphi_{m2}=A_2 r\cos\theta+B_2 r^{-2}\cos\theta & (r>R)\end{cases} \tag{3.1.11}$$

由式(3.1.9)可知，要使 φ_{m1} 有意义，须使 $B_1=0$；由式(3.1.10)，查阅球坐标梯度表达式，可得：

$$[(A_2\cos\theta-2B_2 r^{-3}\cos\theta)\boldsymbol{e}_r-(A_2\sin\theta+B_2 r^{-3}\sin\theta)\boldsymbol{e}_\theta]\big|_{r\to\infty}=0 \tag{3.1.12}$$

易知 $A_2=0$。故拉普拉斯方程简化为

$$\begin{cases}\varphi_{m1}=A_1 r\cos\theta & (r\leqslant R) \\ \varphi_{m2}=B_2 r^{-2}\cos\theta & (r>R)\end{cases} \tag{3.1.13}$$

所以有

$$\begin{cases}\boldsymbol{H}_1=-\nabla\varphi_{m1}=A_1(\sin\theta\boldsymbol{e}_\theta-\cos\theta\boldsymbol{e}_r) & (r\leqslant R) \\ \boldsymbol{H}_2=-\nabla\varphi_{m2}=\dfrac{B_2}{r^3}(2\cos\theta\boldsymbol{e}_r+\sin\theta\boldsymbol{e}_\theta) & (r>R)\end{cases} \tag{3.1.14}$$

H 的切向分量即为 $\boldsymbol{e}_\theta$ 分量，法向分量即为 $\boldsymbol{e}_r$ 分量，代入式(3.1.7)、式(3.1.8)，则可解得

$$\begin{cases} A_1 = -\dfrac{Ni}{3R} \\ B_2 = \dfrac{NiR^2}{6} \end{cases} \tag{3.1.15}$$

最终得磁通球内外磁场强度为

$$\begin{cases} \boldsymbol{H}_1 = -\nabla \varphi_{m1} = \dfrac{Ni}{3R}(\cos\theta \boldsymbol{e}_r - \sin\theta \boldsymbol{e}_\theta) & (r \leqslant R) \quad \cdots\cdots(3.1.16) \\ \boldsymbol{H}_2 = -\nabla \varphi_{m2} = \dfrac{Ni}{6R}\left(\dfrac{R}{r}\right)^3 (2\cos\theta \boldsymbol{e}_r + \sin\theta \boldsymbol{e}_\theta) & (r > R) \quad \cdots\cdots(3.1.17) \end{cases}$$

磁通球内外 $\boldsymbol{H}$ 线分布如图 2.1.4 所示，可见，这一典型磁场分布的特点是：

(1) 球内 $\boldsymbol{H}_1$ 为均匀场，其取向与磁通球的对称轴(z 轴)一致，即

$$\boldsymbol{H}_1 = \frac{Ni}{3R}(\cos\theta \boldsymbol{e}_r - \sin\theta \boldsymbol{e}_\theta) = \frac{Ni}{3R}\boldsymbol{e}_z = H_1 \boldsymbol{e}_z \tag{3.1.18}$$

(2) 通过理论推导，可知磁通球球外 $\boldsymbol{H}_2$ 等同于球心处一个磁偶极子的磁场。

圆环电流磁偶极子如图 3.1.2 所示，下面给出圆环电流磁偶极子磁场公式的推导过程。

$$\mathrm{d}\boldsymbol{A}_1 = \frac{\mu_0 I}{4\pi}\frac{\mathrm{d}\boldsymbol{l}_1'}{R_1} = \frac{\mu_0 I}{4\pi}\frac{\mathrm{d}l_1'}{R_1}(\boldsymbol{e}_x \sin\varphi + \boldsymbol{e}_y \cos\varphi)$$

$$\mathrm{d}\boldsymbol{A}_2 = \frac{\mu_0 I}{4\pi}\frac{\mathrm{d}\boldsymbol{l}_2'}{R_1}[\boldsymbol{e}_x \sin(-\varphi) + \boldsymbol{e}_y \cos\varphi]$$

$\because \quad \mathrm{d}l = b\mathrm{d}\varphi$

$\therefore \quad \mathrm{d}\boldsymbol{A}_1 + \mathrm{d}\boldsymbol{A}_2 = \dfrac{\mu_0 Ib}{2\pi R_1}\boldsymbol{e}_\varphi \cos\varphi \mathrm{d}\varphi$

$$\boldsymbol{A} = \frac{\mu_0 Ib}{2\pi}\boldsymbol{e}_\varphi \int_0^\pi \frac{\cos\varphi}{R_1}\mathrm{d}\varphi$$

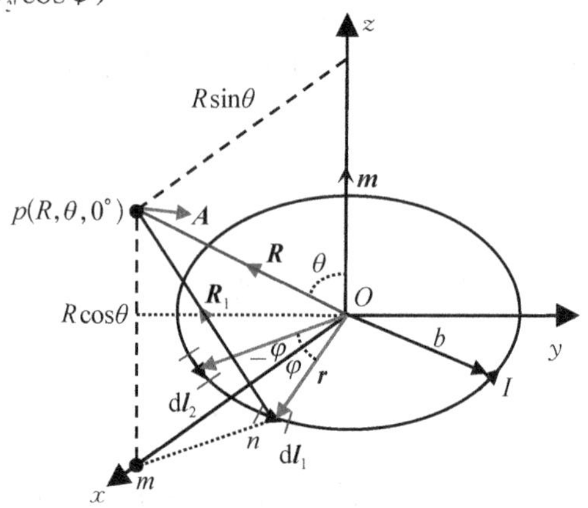

图 3.1.2　圆环电流磁偶极子

$$\begin{aligned} R_1 &= [(\overline{mp})^2 + (\overline{mn})^2]^{\frac{1}{2}} \\ &= [(R\cos\theta)^2 + (b\sin\varphi)^2 + (R\sin\theta - b\cos\varphi)^2]^{\frac{1}{2}} \\ &= (R^2 + b^2 + 2Rb\sin\theta\cos\varphi)^{\frac{1}{2}} \end{aligned} \tag{3.1.19}$$

$\because \quad R \gg b$

$\therefore \quad \dfrac{b^2}{R^2} \to 0$

$$\frac{1}{R_1} \approx \frac{1}{R}\left(1 - \frac{2b}{R}\sin\theta\cos\varphi\right)^{-\frac{1}{2}} \approx \frac{1}{R}\left(1 + \frac{b}{R}\sin\theta\cos\varphi\right)$$

$$\boldsymbol{A}=\frac{\mu_0 Ib}{2\pi}\boldsymbol{e}_\varphi\int_0^\pi \frac{1}{R}\left(1+\frac{b}{R}\sin\theta\ \cos\varphi\right)\cos\varphi\ \mathrm{d}\varphi$$

$$=\frac{\mu_0 I\pi b^2}{4\pi R^2}\sin\theta\boldsymbol{e}_\varphi=\frac{\mu_0 IS}{4\pi R^2}\sin\theta\,\boldsymbol{e}_\varphi$$

$$=\frac{\mu_0\boldsymbol{m}\times\boldsymbol{r}}{4\pi R^2}(\mathrm{Wb/m})$$

$$S=\pi b^2,\boldsymbol{m}=I\boldsymbol{S}$$

$$\boldsymbol{B}=\nabla\times\boldsymbol{A}=\frac{\mu_0 m}{4\pi R^3}(2\cos\theta\,\boldsymbol{e}_r+\sin\theta\,\boldsymbol{e}_\theta)$$

2) 柱坐标条件下磁通球沿面磁场分布

2.1 节磁通球实验中使用 TD8650 特斯拉计的横向探棒测量磁通球沿面的(圆柱坐标)z 向磁场 $H_z\boldsymbol{e}_z$ 分布和周向磁场 $H_\varphi\boldsymbol{e}_\varphi$ 分布，使用纵向探棒测量(圆柱坐标)径向磁场 $H_\rho\boldsymbol{e}_\rho$ 分布。上节计算出的磁场 $\boldsymbol{H}$ 是球坐标的三个分量($H_r\boldsymbol{e}_r$，$H_\theta\boldsymbol{e}_\theta$，$H_\varphi\boldsymbol{e}_\varphi$)，球坐标系中的 $\boldsymbol{H}$ 分量如图 3.1.3 所示，柱坐标系中的 $\boldsymbol{H}$ 分量如图 3.1.4 所示。

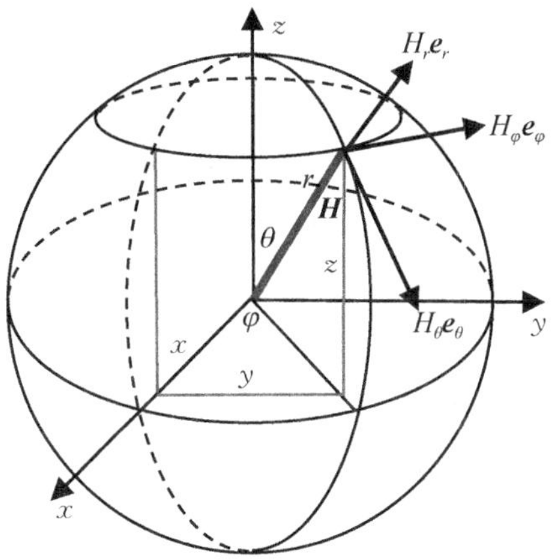

图 3.1.3 球坐标

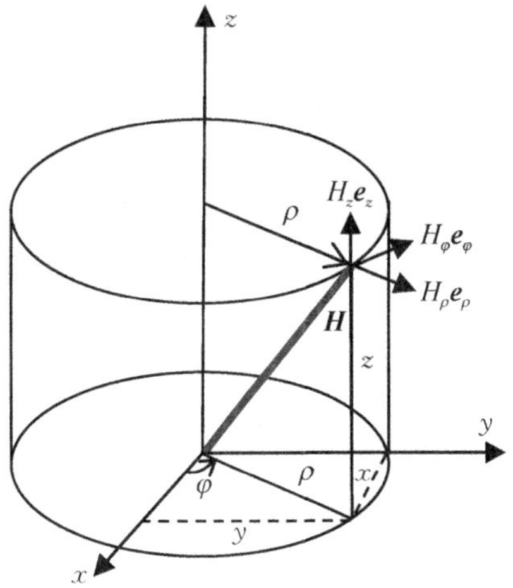

图 3.1.4 柱坐标

由式(3.1.17)可知磁场 $\boldsymbol{H}$ 球坐标下的三个分量为：

$$\begin{cases}H_r=\left(\dfrac{R}{r}\right)^3\dfrac{Ni}{6R}2\cos\theta\\ H_\theta=\left(\dfrac{R}{r}\right)^3\dfrac{Ni}{6R}\sin\theta\\ H_\varphi=0\end{cases}\tag{3.1.20}$$

需要将上述的三个分量换算成柱坐标的三个分量（$H_z\boldsymbol{e}_z, H_\rho\boldsymbol{e}_\rho, H_\varphi\boldsymbol{e}_\varphi$）。换算公式为

$$\begin{cases} H_z = H_r\cos\theta - H_\theta\sin\theta = \left(\dfrac{R}{r}\right)^3 \dfrac{Ni}{6R}(2\cos^2\theta - \sin^2\theta) = \left(\dfrac{R}{r}\right)^3 \dfrac{Ni}{6R}(3\cos^2\theta - 1) \\ H_\rho = H_r\sin\theta + H_\theta\cos\theta = \left(\dfrac{R}{r}\right)^3 \dfrac{Ni}{6R}(2\cos\theta\sin\theta + \sin\theta\cos\theta) = \left(\dfrac{R}{r}\right)^3 \dfrac{Ni}{6R}(1.5\sin 2\theta) \\ H_\varphi = 0 \end{cases} \tag{3.1.21}$$

由式(3.1.18)可见，磁通球内部的均匀磁场为 H_1。用测量值 I 替换式(3.1.21)中的电流 i，可得磁通球外部不同位置上的磁场为

顶端 $\theta=0°$(即北极)：$H_z=(R/r)^3NI/(3R)=(R/r)^3H_1, H_\rho=0$；

$\theta=45°$(即北纬 45°)：$H_z=0.5(R/r)^3NI/(6R)=0.25(R/r)^3H_1, H_\rho=1.5(R/r)^3NI/(6R)=0.75(R/r)^3H_1$；

中部 $\theta=90°$(即赤道)：$H_z=-(R/r)^3NI/(6R)=-0.5(R/r)^3H_1, H_\rho=0$；

$\theta=135°$(即南纬 45°)：$H_z=0.5(R/r)^3NI/(6R)=0.25(R/r)^3H_1, H_\rho=-1.5(R/r)^3NI/(6R)=-0.75(R/r)^3H_1$。

已知磁通球半径 $R=0.05$ m，线圈匝数 $N=131$，在实验中，磁通球线圈分别施加了直流 1.15 A 和交流 1.00 A(有效值)的电流，下面分两种情况进行讨论。

(1) 磁通球线圈施加直流电。

直流电流 $I=1.15$ A，分别使用横向和纵向探棒测量磁通球外部的 z 向磁感应强度 B_z 和径向磁感应强度 B_ρ，横向探棒霍尔片的中心位置距离边缘 0.000 9 m，纵向圆柱探棒的半径为 3 mm，故可计算出横向探棒离开磁通球表面 0.000 9 m (即 $r_1=R+0.0009$)、纵向探头离开磁通球表面 $0.003\times\sqrt{2}$ m (即 $r_2=R+0.003\times1.414$) 时，不同 θ 位置上的磁感应强度仿真值如下。

磁通球顶端 $\theta=0°$，即北极$(0,R)$：$B_z=\mu_0(R/r_1)^3NI/(3R)=1.20$ mT, $B_\rho=0$；

磁通球 $\theta=45°$，即北纬 45°$(0.7R, 0.7R)$：$B_z=0.5\mu_0(R/r_1)^3NI/(6R)=0.30$ mT, $B_\rho=1.5(R/r_2)^3\mu_0NI/(6R)=0.74$ mT；

磁通球中部 $\theta=90°$，即赤道$(R,0)$：$B_z=-\mu_0(R/r_1)^3NI/(6R)=-0.60$ mT, $B_\rho=0$；

磁通球 $\theta=135°$，即南纬 45°$(0.7R, -0.7R)$：$B_z=0.5\mu_0(R/r_1)^3NI/(6R)=0.30$ mT, $B_\rho=-1.5(R/r_2)^3\mu_0NI/(6R)=-0.74$ mT。

在直流电 ($I=1.15$ A) 激励的情况下，使用横向探棒(标尺面朝下)，可实际测量离开磁通球表面 0.000 9 m、$\theta=0°\sim135°$ 时的磁感应强度 B_z'，应用纵向探棒可实际测量离开磁通球表面 (0.003×1.414) m、$\theta=45°$、$\theta=135°$时的磁感应强度 B_ρ'，B_z'和 B_ρ'的实测值如表 3.1.1 所示。其中测量数据前面的 N 和 S 表示磁场的极性。

表 3.1.1 磁通球外部沿面不同位置的磁感应强度 B_z'、B_ρ'

磁通球外部沿球面的位置	北极(0,R)	北纬 45°(0.7R,0.7R)	赤道(R,0)	南纬 45°(0.7R,−0.7R)
横向探棒测磁通球外 B_z'/mT	N 1.20	N 0.30	S 0.57	N 0.30
纵向探棒测磁通球外 B_ρ'/mT	S 0.01	N 0.72	0.0	S 0.72

(2) 磁通球线圈施加交流电。

在交流电激励的时变磁场中，TD8650 特斯拉计测得的磁感应强度 B_{av} 为平均值，但理论计算磁感应强度 B 时，是按有效值考虑的，故计算得出的磁感应强度 B 的有效值与 TD8650 特斯拉计实测值 B_{av} 之间的关系为

$$B_{av}=\frac{2\sqrt{2}}{\pi}B\approx 0.9B \tag{3.1.22}$$

交流测试时，交流电流 $I=1.00$ A(有效值)，分别使用 TD8650 特斯拉计的横向和纵向探棒测试磁通球外部的 z 向磁感应强度 B_{zav} 和径向磁感应强度 $B_{\rho av}$，TD8650 特斯拉计的横向探棒霍尔片的中心位置距离边缘 0.002 m，纵向圆柱探棒的半径为 0.002 m，故可仿真计算出横向探棒离开磁通球表面 0.002 m (即 $r_1=R+0.002$)、纵向探棒离开磁通球表面 $0.002\times\sqrt{2}$ m (即 $r_2=R+0.002\times1.414$) 时，不同 θ 位置上磁感应强度的平均值如下。

磁通球顶端 $\theta=0°$，即北极 $(0,R)$：$B_{zav}=0.9\mu_0(R/r_1)^3NI/(3R)=0.878$ mT，$B_{\rho av}=0$；

磁通球 $\theta=45°$，即北纬 45°$(0.7R,0.7R)$：$B_{zav}=0.9\times0.5\mu_0(R/r_1)^3NI/(6R)=0.220$ mT，$B_{\rho av}=0.9\times1.5(R/r_2)^3\mu_0NI/(6R)=0.628$ mT；

磁通球中部 $\theta=90°$，即赤道 $(R,0)$：$B_{zav}=0.9\mu_0(R/r_1)^3NI/(6R)=0.439$ mT，$B_{\rho av}=0$；

磁通球 $\theta=135°$，即南纬 45°$(0.7R,-0.7R)$：$B_{zav}=0.9\times0.5\mu_0(R/r_1)^3NI/(6R)=0.220$ mT，$B_{\rho av}=0.9\times1.5(R/r_2)^3\mu_0NI/(6R)=0.628$ mT。

在 50 Hz 交流电 ($I=1.00$ A) 激励的情况下，应用 TD8650 特斯拉计的横向探棒实测离开磁通球表面 0.002 m、$\theta=0°\sim135°$时的磁感应强度 B_{zAV}'，应用纵向探棒可实测离开磁通球表面 0.002×1.414 m、$\theta=45°$、$\theta=135°$时的磁感应强度 $B_{\rho AV}'$，B_{zAV}'和 $B_{\rho AV}'$的实测值如表 3.1.2 所示。

3) MATLAB 仿真程序

将下述程序存成文件名 shiyan1_magnet_ball.m，将其复制到 MATLAB 搜索目录下，然后在 MATLAB 命令行窗口输入"shiyan1_magnet_ball"并按"ENTER"键，即可获得仿真结果。

表 3.1.2 磁通球外部沿面不同位置的磁感应强度 B_{ZAV}'、$B_{\rho AV}'$

磁通球外部沿球面的位置	北极(0,R)	北纬 45° (0.7R,0.7R)	赤道(R,0)	南纬 45° (0.7R,−0.7R)
横向探棒测磁通球外 B_{ZAV}'/mT	0.902	0.227	0.415	0.235
纵向探棒测磁通球外 $B_{\rho AV}'$/mT	0.016	0.622	0.01	0.613

磁通球磁感应强度分布 MATLAB 仿真程序如下。

```
%磁通球磁感应强度分布 MATLAB 仿真程序 shiyan1_magnet_ball.m
clear;clf;
N = 131; %磁通球线圈匝数
I = 1.15; %磁通球线圈直流电流,单位 A
mu0 = 4 * pi * 1e - 7; %空气磁导率
R = 0.05; %磁通球的半径,单位 m

figure(1); %图 1 为直流电仿真曲线和实测值对比

I = 1.15; %磁通球线圈直流电流,单位 A
%沿着磁通球轴线方向的磁感应强度为 y_Bz,沿 y 轴方向的为 y_By,即 Bρ
x_theta = 0:pi/4:pi;
xx = x_theta/pi * 180; %弧度化为角度
hold on;
y_Bz = [1.2,0.3, - 0.57,0.3,1.2]; %实测值 Bz'
y_By = [0.01,0.72,0, - 0.72,0]; %实测值 Bρ'

plot(xx,y_Bz,'o',xx,y_By,'*b'); %画散点图

x_theta = 0:pi/32:pi;
r1 = R + 0.0009; %横向探棒离开磁通球表面 0.0009m(即 r1 = R + 0.0009)
y_Bz = 1000 * mu0 * N * I./(6 * R) * ( - 1 + 3 * cos(x_theta).^2)./r1^3 * R^3; %求离开球表面 0.0009m 上 Bz
r2 = R + 0.003 * 1.414; %纵向探棒离开磁通球表面 0.003 * √2m(即 r2 = R + 0.003 * 1.414)
y_By = 1000 * mu0 * N * I./(6 * R) * 1.5 * sin(2 * x_theta)./r2^3 * R^3; %求离开球表面 0.003 * 1.414m 上的 Bρ
```

```
xx = x_theta/pi * 180; % 弧度转化为角度
plot(xx,y_Bz,'r-',xx,y_By,'b-'); % 画曲线图

legend('实测值 Bz´','实测值 Bρ´','Bz-θ 仿真曲线','Bρ-θ 仿真曲线');
xlabel('θ/(°)');
ylabel('磁感应强度/mT');
grid on
title('直流电时磁通球沿面磁感应强度分布');

figure(2); % 图 2 为交流电仿真曲线和实测值对比

I = 1; % 磁通球线圈交流电流,单位 A
% 沿着磁通球轴线方向的磁感应强度为 y_Bz,沿 y 轴方向的为 y_By,即 Bρ
x_theta = 0:pi/4:pi;
xx = x_theta/pi * 180; % 弧度转化为角度
hold on;
y_Bz = [0.902,0.227,0.415,0.235,0.902]; % 实测值 Bzav´
y_By = [0.016,0.622,0.01,0.613,0.016]; % 实测值 Bρav´

plot(xx,y_Bz,'o',xx,y_By,'*b'); % 画散点图

x_theta = 0:pi/128:pi;
r1 = R + 0.002; % 横向探棒离开磁通球表面 0.002m(即 r1 = R + 0.002)
y_Bz = abs(0.9 * 1000 * mu0 * N * I./(6 * R) * (-1 + 3 * cos(x_theta).^2)./r1^3 *
R^3); % 求离开球表面 0.002m 上的 Bzav
r2 = R + 0.002 * 1.414; % 纵向探棒离开磁通球表面 0.002 * √2m(即 r2 = R + 0.002
* 1.414)
y_By = abs(0.9 * 1000 * mu0 * N * I./(6 * R) * 1.5 * sin(2 * x_theta)./r2^3 *
R^3); % 求离开球表面 0.002 * 1.414m 上的 Bρav

xx = x_theta/pi * 180; % 弧度转化为角度
plot(xx,y_Bz,'r-',xx,y_By,'b-'); % 画曲线图

legend('实测值 Bzav´','实测值 Bρav´','Bzav-θ 仿真曲线','Bρav-θ 仿真曲线');
xlabel('θ/(°)');
```

```
ylabel('磁感应强度/mT');
grid on
title('交流电时磁通球沿面磁感应强度分布');

figure(3); %图 3 为类似磁偶极子图
[x,y] = meshgrid([-0.15:0.0025:0.15]); %设置 x、y 坐标网格点
%将直角坐标转换为球坐标,x 轴为磁通球轴线(2.1 磁通球实验中,磁通球轴线是z 轴)
%r 为原点到空间任意一点 P(x,y,z)的距离,theta 为矢量 r 与 x 轴正向沿逆时针方向的夹角,phi 为矢量 r 与 Oxy 平面的夹角
[theta,phi,r] = cart2sph(x,y,0);
%沿磁通球轴线方向的磁感应强度为 Bz,沿 y 轴方向的磁感应强度为 By
Bz = 1000 * mu0 * N * I./(6 * R) * ( - 1 + 3 * cos(theta).^2)./r.^3 * R^3; %求任一点的磁感应强度 Bz
By = 1000 * mu0 * N * I./(6 * R) * 1.5 * sin(2 * theta)./r.^3 * R^3; %求任一点的磁感应强度 By

hold on;
axis equal; %使 x,y 轴精度相同
By(r<0.05) = 0; %赋值磁通球内部磁感应强度 B1y = 0
Bz(r<0.05) = 1000 * mu0 * N * I./(3 * R); %赋值磁通球内部磁感应强度 B1z
B = (Bz.^2 + By.^2).^0.5;
set(gca,'xLim',[-0.15 0.15]);
set(gca,'yLim',[-0.15 0.15]);
surf(y,x,B);
xlabel('x/m');
ylabel('z/m');
title('类似磁偶极子磁场分布');
colorbar;

figure(4); %图 4 为磁通球内外的磁感应强度矢量分布图
[x,y] = meshgrid([-0.15:0.01:0.15]); %设置 x、y 坐标网格点
%将直角坐标转换为球坐标,x 轴为磁通球轴线(2.1 磁通球实验中,磁通球轴线是 z 轴)
%r 为原点到空间任意一点 P(x,y,z)的距离,theta 为矢量 r 与 x 轴正向沿逆时针方向的夹角,phi 为矢量 r 与 xOy 平面的夹角
```

```
[theta,phi,r] = cart2sph(x,y,0);

%沿磁通球轴线方向的磁感应强度为Bz,沿y轴方向的磁感应强度为By
Bz = 1000 * mu0 * N * I./(6 * R) * ( - 1 + 3 * cos(theta).^2)./r.^3 * R^3; %求任一点的磁感应强度Bz
By = 1000 * mu0 * N * I./(6 * R) * 1.5 * sin(2 * theta)./r.^3 * R^3; %求任一点的磁感应强度By

quiver(y,x,By,Bz,'b'); %第五输入宗量1使磁感应强度箭头长短适中
hold on;
t = deg2rad(0:360); %角度转化为弧度
x = 0.05 * cos(t);
y = 0.05 * sin(t);
plot(x,y); %画圆,R = 0.05
hold on;
axis equal; %使x,y轴精度相同
By(r<0.05) = 0; %赋值磁通球内部磁感应强度B1y = 0
Bz(r<0.05) = 1000 * mu0 * N * I./(3 * R); %赋值磁通球内部磁感应强度B1z
fill(x,y,'w') %用白色填充该圆形
quiver(y,x,By,Bz,'b'); %第五输入宗量1使磁感应强度箭头长短适中
y = - 0.15:0.001:0.15;
x = 0;
plot(x,y,'r-'); %画磁通球轴心线z轴
y = 0.14:0.01:0.15;
x = y - 0.15;
plot(x,y,'r-'); %画磁通球轴心线箭头
y = 0.14:0.01:0.15;
x = 0.15 - y;
plot(x,y,'r-'); %画磁通球轴心线箭头
xlabel('x/m');
ylabel('z/m');
title('磁通球内外磁感应强度分布');
```

程序运行后可得磁通球沿面的磁感应强度仿真曲线 Bz～θ、Bρ～θ 和实测值 Bz′、Bρ′、Bzav′、Bρav′如图 3.1.5、图 3.1.6 所示。磁通球球内部及外部磁感应强度 **B** 分布如图

3.1.7 所示，外部磁感应强度 **B** 分布等同于球心处一个磁偶极子的磁感应强度 **B** 分布。磁通球内部和外部磁感应强度 **B** 矢量分布仿真结果如图 3.1.8 所示。

将仿真结果和实测值对比可知，磁通球线圈施加直流电时，磁通球外部磁感应强度实测值 B_z'、B_ρ'与仿真值 B_z、B_ρ 是一致的。磁通球线圈施加交流电时，磁通球外部磁感应强度实测值 $B_{z\mathrm{AV}}'$、$B_{\rho\mathrm{AV}}'$与仿真值 $B_{z\mathrm{AV}}$、$B_{\rho\mathrm{AV}}$ 也是一致的。

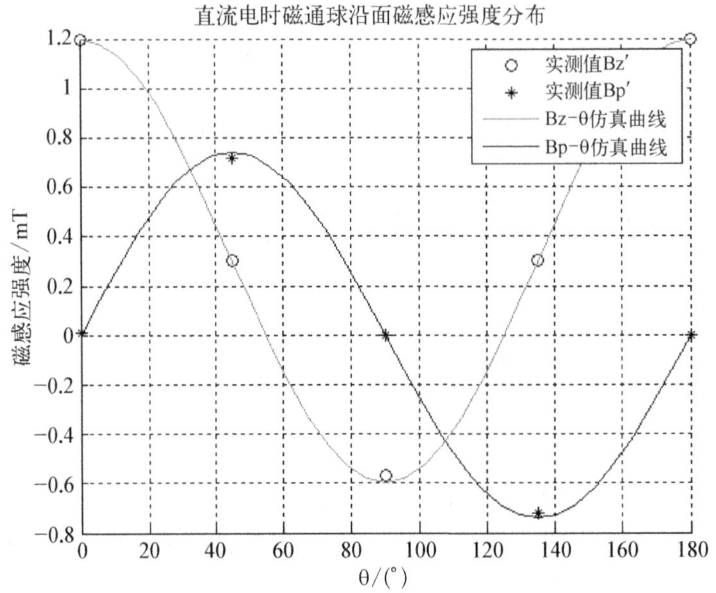

图 3.1.5　磁通球沿面的 $B_z \sim \theta$、$B_\rho \sim \theta$ 曲线和实测值 B_z'、B_ρ'

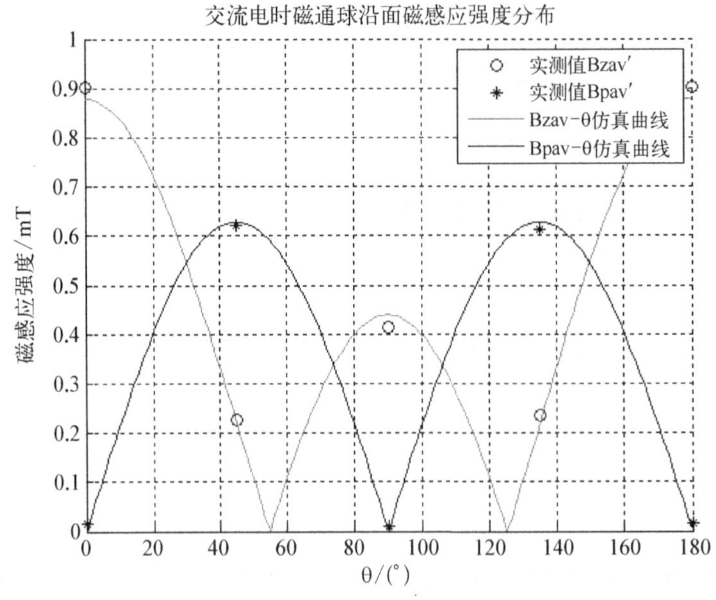

图 3.1.6　磁通球沿面的 $B_{zav} \sim \theta$、$B_{\rho av} \sim \theta$ 曲线和实测值 B_{zav}'、$B_{\rho av}'$

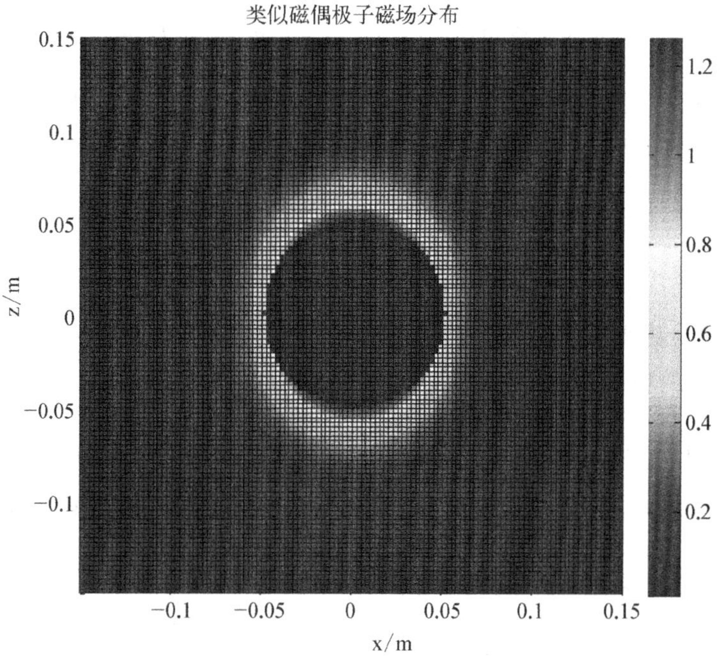

图 3.1.7　磁通球内部及外部磁感应强度分布类似磁偶极子

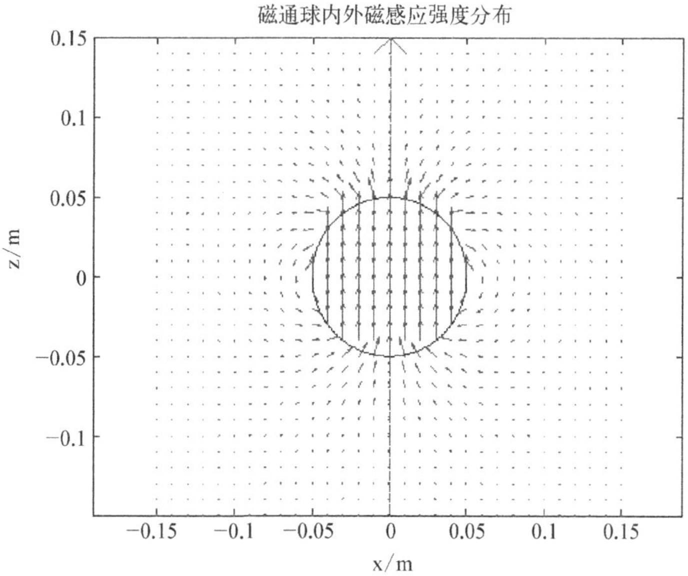

图 3.1.8　磁通球内部及外部磁感应强度矢量分布图

3. 实验内容

根据式(3.1.18)可计算出磁通球内部磁场 $\widetilde{H}_z = N\widetilde{I}/(3R)$、$\widetilde{H}_\rho = 0$，当磁通球线圈施加的交流电流 $\widetilde{I} = 1.00$ A时，磁通球内部磁感应强度：$\widetilde{B}_z = \mu_0 N\widetilde{I}/(3R) = 1.10$ mT、$\widetilde{B}_\rho = 0$。

磁通球外部 z 轴上的磁感应强度可由式(3.1.17)计算出来，即 $\widetilde{B}_z=\mu_0\left(\frac{R}{r}\right)^3 N\widetilde{I}/(3R)$。

在 2.1 节磁通球实验中，使用一个测试线圈测量磁通球 z 轴上的感应电势 E，然后运用式(3.1.23)计算被测处的磁感应强度，而获得磁通球内部和外部 z 轴上的磁感应强度 $\widetilde{B}'_z\boldsymbol{e}_z$ 的分布。

$$\widetilde{B}'_z=1\,000\frac{E}{2\pi fSN_1} \tag{3.1.23}$$

式中，$\widetilde{B}'_z$ 为被测处磁感应强度的有效值，mT；E 为测试线圈中感应电势的有效值，mV；f 为正弦交变电流的频率，本实验采用 5 kHz 的交流电；N_1 为测试线圈的匝数，$N_1=49$；S 为测试线圈的等效截面积，mm^2，$S=\frac{\pi}{3}(R_1^2+R_1R_2+R_2^2)$。测试线圈的内径 $R_1=1.0$ mm，外径 $R_2=3$ mm。表 3.1.3 为线圈中感应电势 E 的实测值和磁感应强度 $\widetilde{B}'_z$。

表 3.1.3　线圈中感应电势 E 的实测值和磁感应强度 $\widetilde{B}'_z$

磁通球 z 坐标 z/cm	−5	−4	−3	−2	−1	0	1	2	3	4	5	5.5	6
线圈感应电势 E/mV	25	24	23	23	23	23	23	23	23	23	22	18	14
磁感应强度 $\widetilde{B}'_z$/mT	1.19	1.15	1.10	1.10	1.10	1.10	1.10	1.10	1.10	1.10	1.05	0.86	0.62

(1) 请编写 MATLAB 程序，当磁通球线圈施加交流电流 $\widetilde{I}=1.00$ A 时，画出磁通球内部和外部轴心线(即 z 轴)上的磁感应强度 $\widetilde{B}_z$ 的分布曲线，并与由感应电势 E 计算出的 $\widetilde{B}'_z$ 进行比较，参考结果如图 3.1.9 所示。

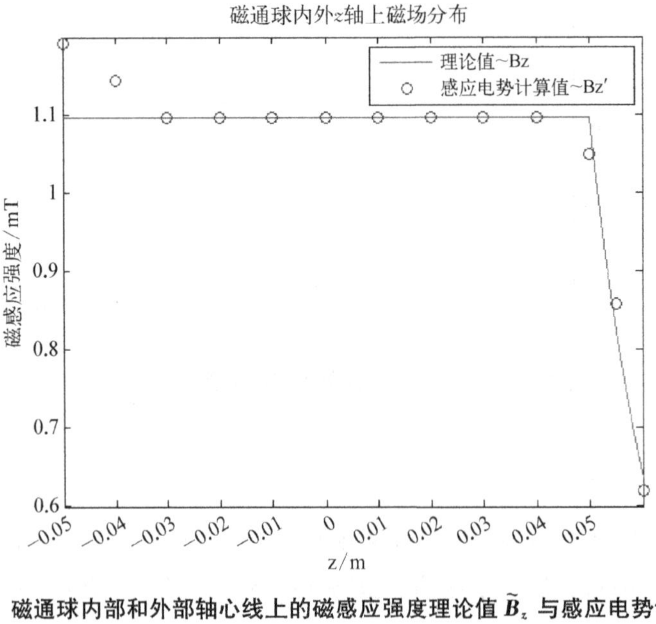

图 3.1.9　磁通球内部和外部轴心线上的磁感应强度理论值 $\widetilde{B}_z$ 与感应电势计算值 $\widetilde{B}'_z$

（2）根据仿真结果，结合实物实验的实测数据，分析磁通球内部和外部磁场分布的特征。

4. 实验报告要求

（1）给出磁通球内部和外部轴心线（即 z 轴）上的磁感应强度 $\widetilde{B}_z$ 分布曲线的仿真结果并进行分析，列出仿真源程序。

（2）分析磁通球内部和外部磁场分布的特征。

（3）如果单独进行仿真实验，请解答 2.1 磁通球实验中的思考题。

3.2 磁悬浮仿真

1. 实验目的

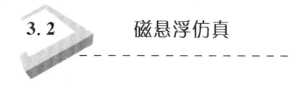

通过该实验可以让学生对课堂教学中电磁感应定律、电磁力等内容有更深刻的理解，提高教学效果，增进学生对电磁场现象的理性理解与感性认识。

2. 实验原理

1）*磁悬浮实验系统*

磁悬浮实验装置如图 2.2.1 所示，主要由盘状线圈和铝板组成。该系统中，扁平盘状线圈的激磁电流 I 由自耦变压器提供，盘状线圈放在铝板上。磁悬浮系统示意如图 2.2.2(a)所示，盘状线圈截面如图 2.2.2(b)所示。

设备的参数为：盘状线圈匝数 $N=250$ 匝，内径 $R_1=31$ mm，外径 $R_2=195$ mm，厚度 $d=12.5$ mm，质量 $m=3.1$ kg，铝板的厚度为 14 mm，自耦变压器电压量程为 0～100 V，电流为 0～30 A，交流电源为 220 V、50 Hz。

2）*磁悬浮起浮原理*

磁悬浮系统大致可分为两种类型：一种是斥力型磁悬浮系统，另一种是吸力型磁悬浮系统。本实验属于斥力型磁悬浮系统，其工作原理为：在盘状线圈中通入交流电流 I，线圈之下的铝板中将感应涡流 $I'(\approx -I)$，当线圈中的交流电流 I 增大到某一值时，I 与 I'之间的电磁斥力将推动线圈上浮，在克服了线圈自身的重力后，线圈便被浮起。

磁悬浮力的分析法通常都是基于理想情况下进行的，即假设铝板是半无限大的理想导体，并且不存在热损耗，由于铝板的厚度足够大，以致盘状线圈电流产生的磁场能量无法透过它，故铝板（磁导率 $\mu=\mu_0$，电导率 $\gamma=\infty$）可以看作一种理想的电磁屏。

按制作材料的物理性质分类，实际的屏可以分成两个大类：一类是高磁导率的非导电材料（$\mu=\infty,\gamma=0$），如铁氧体等制作的“磁屏”；另一类是高电导率的非磁性材料（$\mu=\mu_0,\gamma=\infty$），如铝板等制作的“电磁屏”。将屏分成“磁屏”和“电磁屏”两种类别，在很大程度上是人为的。在交流电流下，导电材料制成的“磁屏”（如铁磁平板）中会出现涡流，因而这个屏也是“电磁屏”。

磁悬浮装置起浮原理示意图如图 3.2.1 所示，在本实验中，铝板内的涡流可采用镜像电流进行等效，假设铝板是理想的“电磁屏”，故当线圈内工作电流为 i_1 时，铝板内的镜像电流 i_2 可取 i_1 的反向，即 $i_2=-i_1$。

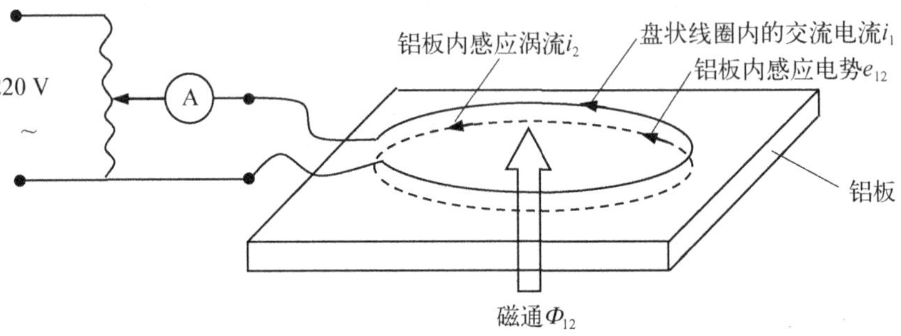

图 3.2.1　磁悬浮装置起浮原理示意图

铝板的电导率 γ 并不是无限大。当盘状线圈通入交流电流 i_1 时，此电流激发变化的磁场，导致一个变化的磁通 Φ_{12} 穿过铝板，故铝板内出现感应涡流 i_2。实际上，i_1、i_2 之间有一个相位差 $\pi/2+\varphi_L\,(0<\varphi_L<\pi/2)$，使得盘状线圈受到一个竖直向上的平均推力，该推力大小与 $\sin\varphi_L$ 成正比。下面给出具体的理论推导过程。

设 e_{12} 是铝板相应的感生电动势，其复有效值为 ε_{12}，ε_{12} 与感生电流复有效值 I_2 之比是铝板的复阻抗 Z_2。因铝板存在自感 L，其感抗为 ωL，设铝板的电阻为 r，故 Z_2 阻抗角为 $\varphi_L=\tan^{-1}(\omega L/r)$，虽然铝板的自感 L 很小，但因其电阻 r 也很小，所以 φ_L 不一定很小。设 i_1、Φ_{12}、e_{12} 及 i_2 的正方向为图 3.2.1 中箭头所指方向，根据毕奥-萨伐尔定律，Φ_{12} 与 i_1 的相位相同，$e_{12}=\mathrm{d}\Phi_{12}/\mathrm{d}t$，即 $\varepsilon_{12}=-j\omega\Phi_{12}$，可见 e_{12} 比 Φ_{12} 落后 $\pi/2$。由全电路欧姆定律的复数形式 $\varepsilon_{12}=I_2Z_2$ 可知，i_2 比 e_{12} 落后一个角度 φ_L，故 i_2 比 i_1 落后 $\pi/2+\varphi_L$。

因为 i_1、i_2 之间的安培力与其乘积成正比，于是在一个周期内，盘状线圈受到的平均 z 向吸引力为

$$F_z=k\,\frac{1}{2\pi}\int_0^{2\pi}i_1i_2\,\mathrm{d}(\omega t) \tag{3.2.1}$$

式中，k 为比例常数。

设盘状线圈电流 $i_1=I_1\sin(\omega t)$，$i_2=I_2\sin(\omega t-\pi/2-\varphi_L)$，将其代入式(3.2.1)得

$$F_z=k\,\frac{1}{2\pi}\int_0^{2\pi}i_1i_2\,\mathrm{d}(\omega t)=k\,\frac{I_1I_2}{2\pi}\int_0^{2\pi}\sin(\omega t)\sin(\omega t-\pi/2-\varphi_L)\,\mathrm{d}(\omega t)$$

$$=k\frac{I_1I_2}{2\pi}\int_0^{2\pi}\frac{1}{2}[-\cos(2\omega t-\pi/2-\varphi_L)+\cos(\pi/2+\varphi_L)]\mathrm{d}(\omega t)$$

$$=-\frac{1}{2}kI_1I_2\sin\varphi_L \tag{3.2.2}$$

因为 $0<\varphi_L<\pi/2$，由式(3.2.2)可见，盘状线圈在一个周期内的平均受力 F_z 是负值，表示是竖直向上的推力，且受力大小与铝板阻抗角 φ_L 的正弦成正比。正是这个竖直向上的推力与盘状线圈的重力平衡，使得盘状线圈可悬浮在铝板的上空。

3) *磁悬浮磁力的两种算法及其比较*

为简化计算，将盘状线圈与铝板磁悬浮系统等效成一个单匝的集中载流线圈及其镜像载流线圈。本节采用"基于能量的虚位移算法"和"基于毕奥-萨伐尔定律的圆环电流算法"对磁悬浮力进行计算，下面给出这两种算法的公式推导及 MATLAB 仿真结果比较。

(1) 算法一：虚位移算法。

这种算法是从能量的角度来计算的，也是一种普遍采用的理论分析法。设导线半径 R 远远小于浮起高度 h，将实际的盘状线圈和铝板的组合看成一个磁系统，可以将其等效成半无限大导体上方 h 处的一个平均半径为 a、N 匝圆环线圈串联的等效磁系统。将每匝圆环线圈看作由无数微小直导体段环绕一周构成，设单匝圆环线圈单位长度直导体电感为 L_e，那么半径为 a 的单匝圆环线圈的电感为 $L_1=2\pi aL_e$。N 匝圆环线圈串联后的电感为 $L_N=2\pi aN^2L_e$。

电感 L_e 的公式可以根据镜像法由电流集中于轴线上两根平行传输线的电感推导出来，推导过程如下。

两根平行传输线示意图如图 3.2.2 所示，设两根传输线半径为 R，导线间距为 D。

离左轴线 x 处的磁场强度为

$$H_x=\frac{I}{2\pi x}+\frac{I}{2\pi(D-x)} \tag{3.2.3}$$

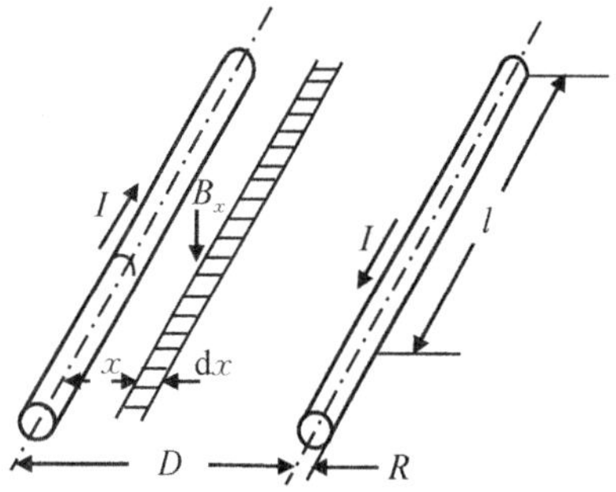

图 3.2.2 两根平行传输线示意图

磁通为

$$\psi_{L_e}=\int_R^{D-R}B_xl\,\mathrm{d}x=\int_R^{D-R}\mu_0H_xl\,\mathrm{d}x=\frac{\mu_0Il}{2\pi}\int_R^{D-R}\left(\frac{1}{x}+\frac{1}{D-x}\right)\mathrm{d}x=\frac{\mu_0Il}{2\pi}\ln\frac{D-R}{R} \tag{3.2.4}$$

由于 $D\gg R$，故单位长度传输线的电感为

$$L'_e=\frac{\psi_{Le}}{Il}=\frac{\mu_0}{2\pi}\ln\frac{D-R}{R}\approx\frac{\mu_0}{2\pi}\ln\frac{D}{R} \tag{3.2.5}$$

在盘状线圈上施加 50 Hz 工作电流 I，考虑电路功率因数为 $\cos\varphi_L$，故可将 I 分为两部分：

一部分是阻性电流 $I\cos\varphi_L$，发热消耗掉了，另一部分则是感性电流 $I\sin\varphi_L$。感性电流中，一半用于磁场储能，另一半用于磁力做功。将铝板看作理想“电磁屏”，直导体的镜像电流如图 3.2.3 所示，考虑半无限大导体上方 h 处的电流为 $I\sin\varphi_L$，则下方 h 处可布置镜像电流 $I'(=-I\sin\varphi_L)$，由于 $D=2h$，故半无限大导体上方单位长度直导体的等效电感为

$$L_e=\frac{\mu_0}{2\pi}\ln\frac{2h}{R} \tag{3.2.6}$$

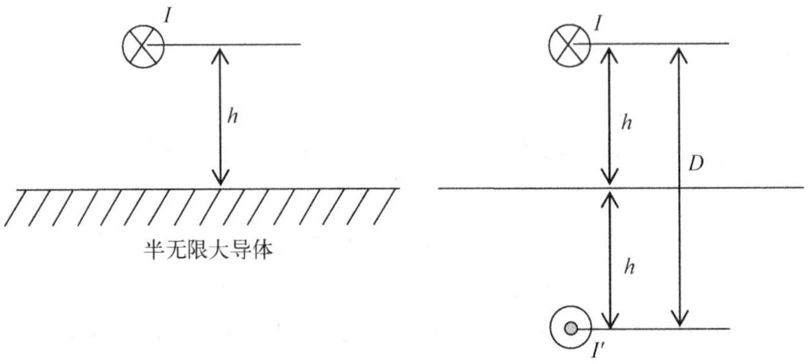

图 3.2.3　直导体的镜像电流

这样，半无限大导体上方 N 匝线圈的电感为

$$L=2\pi aN^2\times L_e=\mu_0 aN^2\ln\frac{2h}{R} \tag{3.2.7}$$

对应于磁力状态分析的磁场能量为

$$W_m=0.5LI\cdot I\sin\varphi_L \tag{3.2.8}$$

式中，I 为 50 Hz 工作电流的有效值，L 为实际磁系统的电感。按虚位移法可求得作用于该系统的电磁斥力，也就是作用于盘状线圈的向上的电磁悬浮力为

$$F=\frac{\partial W_m}{\partial h}\mid I=\text{const}=0.5I^2\sin\varphi_L\frac{\mathrm{d}L}{\mathrm{d}h} \tag{3.2.9}$$

实际磁系统电感 $L(h)$ 是悬浮高度 h 的函数，可近似认为实际磁系统的电感与 N 匝等效线圈的电感相等，即 $L(h)=L_N$。将式(3.2.7)代入式(3.2.9)，可得磁悬浮力 F_1(下标 1 表示是采用算法一获得的浮力)为

$$F_1=\frac{\mu_0 aN^2I^2\sin\varphi_L}{2h} \tag{3.2.10}$$

在工作电流 I 大于一定数值后，盘状线圈开始上浮，当达到稳定时，磁悬浮力与盘状线圈重力相等，即有

$$F_1 = mg \tag{3.2.11}$$

整理即可得到悬浮高度 h 与工作电流 I 的关系 $h=F(I)$ 为

$$h = \frac{\mu_0 a N^2 I^2 \sin\varphi_L}{2mg} \tag{3.2.12}$$

(2) 算法二：圆环电流算法。

① 单匝圆环电流的磁场。

圆环电流磁场示意图如图 3.2.4 所示，根据圆环电流的电流分布特点，可知以 z 轴上某点为圆心、圆面平行于圆环电流的圆周上各点的磁场大小相同，方向也应该相同。那么 P 点坐标$(0,y,z)$的结果也具有普遍性。圆线圈上任意点 A 处的电流元 $I\mathrm{d}\boldsymbol{l}$ 在 yOz 平面上任意一点 $P(y,z)$产生的元磁场 $\mathrm{d}B$，由毕奥-萨伐尔定律可知：

$$\mathrm{d}\boldsymbol{B} = \frac{\mu_0}{4\pi}\frac{I\cdot \mathrm{d}\boldsymbol{l}\times\boldsymbol{r}}{r^3} \tag{3.2.13}$$

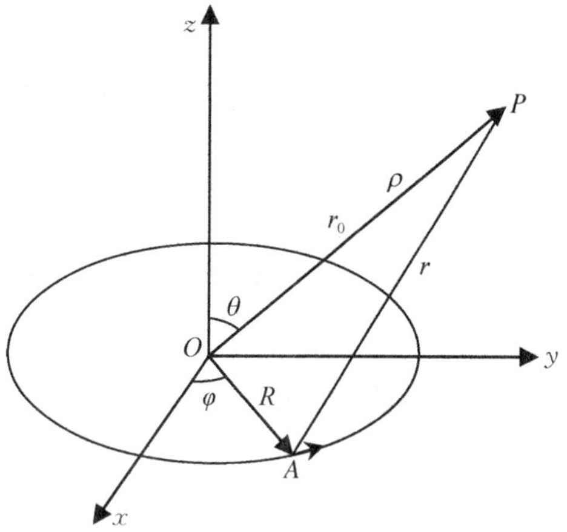

图 3.2.4　圆环电流磁场示意图

式中，$\boldsymbol{r}$ 为电流元到 P 点的位置矢量，P 点对原点的位置矢量为 $\boldsymbol{r}_0$，电流元对原点的位置矢量为 $\boldsymbol{R}$，则有 $\boldsymbol{r}=\boldsymbol{r}_0-\boldsymbol{R}$，在直角坐标系中

$$\because\quad \boldsymbol{r}_0 = y\boldsymbol{e}_y + z\boldsymbol{e}_z,\boldsymbol{R} = x_A\boldsymbol{e}_x + y_A\boldsymbol{e}_y, x_A = R\cos\varphi, y_A = R\sin\varphi$$

$$\therefore\quad \boldsymbol{r} = -R\cos\varphi\boldsymbol{e}_x + (y - R\sin\varphi)\boldsymbol{e}_y + z\boldsymbol{e}_z$$

$$r = \sqrt{R^2 + y^2 + z^2 - 2Ry\sin\varphi} \tag{3.2.14}$$

$$\because\quad I\mathrm{d}\boldsymbol{l} = I(\mathrm{d}x_A\boldsymbol{e}_x + \mathrm{d}y_A\boldsymbol{e}_y) = -IR\sin\varphi\boldsymbol{e}_x + IR\cos\varphi\boldsymbol{e}_y$$

$$\therefore\quad I\mathrm{d}\boldsymbol{l}\times\boldsymbol{r} = -IRz\cos\varphi\mathrm{d}\varphi\boldsymbol{e}_x + IRz\sin\varphi\mathrm{d}\varphi\boldsymbol{e}_y + IR(R - y\sin\varphi)\mathrm{d}\varphi\boldsymbol{e}_z \tag{3.2.15}$$

把式(3.2.15)代入式(3.2.13)，得电流元在 P 点产生的磁场在 yOz 直角坐标系中的分量为

$$\mathrm{d}B_x = \frac{\mu_0 IR}{4\pi}\frac{z\cos\varphi}{r^3}\mathrm{d}\varphi \tag{3.2.16}$$

$$\mathrm{d}B_y = \frac{\mu_0 IR}{4\pi}\frac{z\sin\varphi}{r^3}\mathrm{d}\varphi \tag{3.2.17}$$

$$dB_z = \frac{\mu_0 IR}{4\pi} \frac{(R - y\sin\varphi)}{r^3} d\varphi \tag{3.2.18}$$

整个圆电流在 P 点形成的磁场就是对以上三式的积分

$$B_x = 2\frac{\mu_0 IR}{4\pi}\int_0^{\pi} \frac{z\cos\varphi}{r^3} d\varphi = 0 \tag{3.2.19}$$

$$B_y = 2\frac{\mu_0 IRz}{4\pi}\int_{-\frac{\pi}{2}}^{\frac{\pi}{2}} \frac{\sin\varphi}{(R^2 + y^2 + z^2 - 2Ry\sin\varphi)^{3/2}} d\varphi \tag{3.2.20}$$

$$B_z = 2\frac{\mu_0 IR}{4\pi}\int_{-\frac{\pi}{2}}^{\frac{\pi}{2}} \frac{(R - y\sin\varphi)}{(R^2 + y^2 + z^2 - 2Ry\sin\varphi)^{3/2}} d\varphi \tag{3.2.21}$$

式(3.2.18)说明,对于 yOz 平面内的磁场没有 x 方向,下面将计算场域分为一般计算场域和奇异点邻域场两类。

(a) 一般计算场域。

对式(3.2.20)和式(3.2.21)进行积分,作变量代换 $2\phi = \varphi + \pi/2$,则

$$\varphi = 2\phi - \pi/2 \tag{3.2.22}$$

则有

$$\sin\varphi = -\cos 2\phi = 2\sin 2\phi - 1 \tag{3.2.23}$$

把式(3.2.23)代入式(3.2.14)可得

$$r^3 = [(R^2 + y)^2 + z^2 - 4Ry\sin^2\phi]^{3/2} \tag{3.2.24}$$

令 $r_R = \sqrt{(R + y)^2 + z^2}$, $k^2 = 4Ry/r_R^2$, $|k| < 1$

$\therefore$

$$r^3 = r_R^3(1 - k^2 \sin^2\phi)^{3/2} \tag{3.2.25}$$

根据式(3.2.22)和式(3.2.25),把式(3.2.20)和式(3.2.21)化为下列积分

$$B_y = \frac{2\mu_0 IRz}{\pi r_R^3}\int_0^{\frac{\pi}{2}} \frac{\sin^2\phi}{(1 - k^2\sin^2\phi)^{3/2}} d\phi - \frac{\mu_0 IRz}{\pi r_R^3}\int_0^{\frac{\pi}{2}} \frac{1}{(1 - k^2\sin^2\phi)^{3/2}} d\phi \tag{3.2.26}$$

$$B_z = \frac{\mu_0 IR(R + y)}{\pi r_R^3}\int_0^{\frac{\pi}{2}} \frac{1}{(1 - k^2\sin^2\phi)^{3/2}} d\phi - \frac{2\mu_0 IRy}{\pi r_R^3}\int_0^{\frac{\pi}{2}} \frac{\sin^2\phi}{(1 - k^2\sin^2\phi)^{3/2}} d\phi \tag{3.2.27}$$

$$\because \int_0^{\frac{\pi}{2}} \frac{\sin^2\phi}{(1 - k^2 \sin^2\phi)^{3/2}} d\phi = \frac{-1}{k^2}\int_0^{\frac{\pi}{2}} \frac{d\phi}{(1 - k^2 \sin^2\phi)^{1/2}} + \frac{1}{k^2}\int_0^{\frac{\pi}{2}} \frac{d\phi}{(1 - k^2 \sin^2\phi)^{3/2}} \tag{3.2.28(a)}$$

$$\int_0^{\frac{\pi}{2}} \frac{1}{(1 - k^2\sin^2\phi)^{3/2}} d\phi = \frac{1}{1 + k^2} E(k) \tag{3.2.28(b)}$$

其中第一类和第二类完全椭圆积分 $K(k)$、$E(k)$ 分别为

$$K(k)=\int_0^{\frac{\pi}{2}}\frac{1}{(1-k^2\sin^2\phi)^{1/2}}\mathrm{d}\phi,\quad E(k)=\int_0^{\frac{\pi}{2}}(1-k^2\sin^2\phi)^{1/2}\mathrm{d}\phi \tag{3.2.29}$$

把式[3.2.28(a)]、式[3.2.28(b)]代入式(3.2.26)、式(3.2.27)，并设 $B_0=\dfrac{\mu_0 I}{2\pi}$，则有

$$B_y=\frac{B_0 z}{y\sqrt{(R+y)^2+z^2}}\left[\frac{R^2+y^2+z^2}{(R-y)^2+z^2}E(k)-K(k)\right] \tag{3.2.30}$$

$$B_z=\frac{B_0}{\sqrt{(R+y)^2+z^2}}\left[\frac{R^2-y^2-z^2}{(R-y)^2+z^2}E(k)+K(k)\right] \tag{3.2.31}$$

当 $y\to 0$ 时，B_y 为奇异点；当 $z=0$，$y\to R$ 时，B_y、B_z 也都是奇异点。

(b) 奇异点邻域场。

对于 $z=0$ 的圆环平面 xOy 场域，当 $y\to R$ 时，式(3.2.30)、式(3.2.31)中 $E(k)$ 前面的系数为奇异点，解决此问题的方法就是使用参考文献[13]中的式[3.2.30(a)]、式[3.2.31(a)]进行计算：

$$B_y=\frac{B_0 z}{y\sqrt{(R+y)^2+z^2}}\left[\frac{R^2+y^2+z^2}{(R+y)^2+z^2}\prod(k,-k^2,\pi/2)-K(k)\right] \tag{3.2.30(a)}$$

$$B_z=\frac{B_0}{\sqrt{(R+y)^2+z^2}}\left[\frac{R^2-y^2-z^2}{(R+y)^2+z^2}\prod(k,-k^2,\pi/2)+K(k)\right] \tag{3.2.31(a)}$$

其中，$\prod(k,-k^2,\pi/2)$ 为第三类完全椭圆积分。

第三类完全椭圆积分的定义为

$$\prod\left(k,n,\frac{\pi}{2}\right)=\int_0^{\frac{\pi}{2}}\frac{\mathrm{d}\phi}{(1+n\sin^2\phi)(1-k^2\sin^2\phi)^{1/2}}$$

当 $y\to 0$ 时，式[3.2.30(a)]中的 B_y 为奇异点；当 $z=0$，$y\to R$ 时，式[3.2.30(a)]中的 B_y、式[3.2.31(a)]中的 B_z 也都是奇异点。解决此问题的方法如下。

P 点的圆柱坐标(ρ,θ)中的 $\theta\to 0$，或直角坐标 $y\to 0$ 为近轴场域，即 P 点位于 z 轴附近时，式[3.2.30(a)]、式[3.2.31(a)]分别可使用如下的近似表达式：

$$B_y=\frac{1.5\pi B_0 R^2\rho^2\sin\theta\cos\theta}{(R^2+z^2)^{5/2}} \tag{3.2.30(b)}$$

$$B_z=\frac{B_0\pi R^2}{(R^2+z^2)^{3/2}}-\frac{1.5\pi B_0 R^2\rho^2\sin^2\theta}{(R^2+z^2)^{5/2}} \tag{3.2.31(b)}$$

将 $\sin\theta\approx\rho/z$，$\cos\theta\approx 1$ 代入上式，可得

$$B_y=\frac{1.5\pi B_0R^2\rho^3}{z(R^2+z^2)^{5/2}} \tag{3.2.30(c)}$$

$$B_z=\frac{B_0\pi R^2}{(R^2+z^2)^{3/2}}-\frac{1.5\pi B_0R^2\rho^4}{z^2(R^2+z^2)^{5/2}} \tag{3.2.31(c)}$$

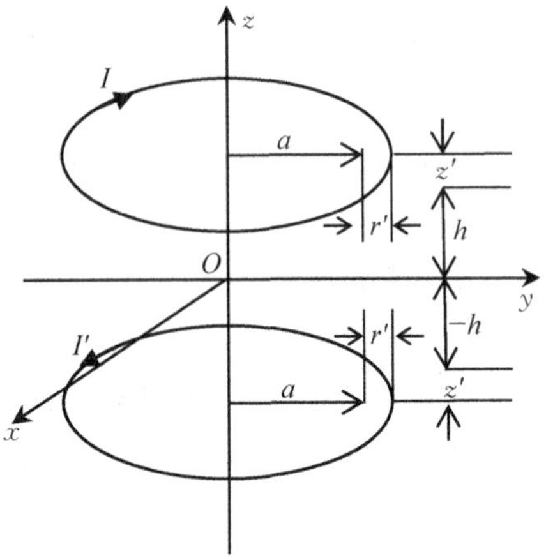

图 3.2.5　圆环电流 I 及其镜像电流 $I'(=-I)$ 示意图

② 两共轴单匝圆环电流之间的磁场。

已经推导出了位于 xOy 平面上的单匝线圈半径为 R、施加电流为 I 时，在任意一点 $P(0,y,z)$ 点的磁感应强度 $B_y\boldsymbol{e}_x$ 和 $B_z\boldsymbol{e}_z$ 的表达式(3.2.30)、式(3.2.31)($\boldsymbol{e}_x$ 和 $\boldsymbol{e}_z$ 分别为 x 和 z 方向的单位矢量)，圆环电流 I 及其镜像电流 $I'(=-I)$ 示意图如图 3.2.5 所示：

下面列出两个轴心位于 $-h+z'$、$h+z'$(即相距 $2h$)，半径均为 $a+r'$ 的单匝线圈，当施加的电流 I 与镜像电流 $I'(=-I)$ 大小相等、方向相反时，在 $\rho>0$ 的任意一点 $P(0,\rho,z)$ 点，产生的磁感应强度 $B'_\rho\boldsymbol{e}_\rho$ 和 $B'_z\boldsymbol{e}_z$ 的表达式为

$$\begin{aligned}B'_\rho&=B'_{\rho1}+B'_{\rho2}=IB'_{\rho/I}=IB'_{\rho1/I}+IB'_{\rho2/I}\\&=\frac{B_0(z-h-z')}{\rho\sqrt{(a+r'+\rho)^2+(z-h-z')^2}}\left[\frac{(a+r')^2+\rho^2+(z-h-z')^2}{(a+r'-\rho)^2+(z-h-z')^2}E(k_1)-K(k_1)\right]\\&\quad-\frac{B_0(z+h-z')}{\rho\sqrt{(a'+r'+\rho)^2+(z+h-z')^2}}\left[\frac{(a'+r')^2+\rho^2+(z+h-z')^2}{(a'+r'-\rho)^2+(z+h-z')^2}E(k_2)-K(k_2)\right]\end{aligned} \tag{3.2.32}$$

$$\begin{aligned}B'_z&=B'_{z1}+B'_{z2}=IB'_{z/I}=IB'_{z1/I}+IB'_{z2/I}\\&=\frac{B_0}{\sqrt{(a+r'+\rho)^2+(z-h-z')^2}}\left[\frac{(a+r')^2-\rho^2-(z-h-z')^2}{(a+r'-\rho)^2+(z-h-z')^2}E(k_1)+K(k_1)\right]\\&\quad-\frac{B_0}{\sqrt{(a'+r'+\rho)^2+(z+h-z')^2}}\left[\frac{(a'+r')^2-\rho^2-(z+h-z')^2}{(a'+r'-\rho)^2+(z+h-z')^2}E(k_2)+K(k_2)\right]\end{aligned} \tag{3.2.33}$$

式(3.2.32)、式(3.2.33)中，$k_1=\dfrac{2\sqrt{(a+r')\rho}}{r'_{11}}$，其中 $r'_{11}=\sqrt{(a'+r'+\rho)^2+(z-h-z')^2}$；

$k_2=\dfrac{2\sqrt{(a'+r')\rho}}{r'_{21}}$，其中 $r'_{21}=\sqrt{(a'+r'+\rho)^2+(z+h-z')^2}$。

上述各公式中，$B_0=\dfrac{I\mu_0}{2\pi}$，B'_ρ 和 B'_z 分别表示圆环电流 I 和镜像电流 $I'(=-I)$一起作用产生的径向和 z 向磁感应强度，$B'_{\rho 1}$ 和 B'_{z1} 分别表示圆环电流 I 产生的径向和 z 向磁感应强度，$B'_{\rho 2}$ 和 B'_{z2} 分别表示镜像电流 $I'(=-I)$产生的径向和 z 向磁感应强度。相应的 $B'_{\rho/I}$ 和 $B'_{z/I}$、$B'_{\rho 1/I}$ 和 $B'_{z1/I}$、$B'_{\rho 2/I}$ 和 $B'_{z2/I}$ 分别表示单位电流(即1安培电流)产生的磁感应强度。z'、r'分别表示圆环电流 I 及其镜像电流 $I'(=-I)$在径向和 z 向的位置偏移。

对于近轴场($\rho\ll 1$)，即 P 点位于 z 轴附近时，根据式[3.2.30(c)]、式[3.2.31(c)]，可以将式(3.2.32)、式(3.2.33)变为

$$B'_\rho=1.5\pi B_0(a+r')^2\rho^3\left(\frac{1}{(z-h-z')\cdot r'^5_{11}}-\frac{1}{(z+h-z')\cdot r'^5_{21}}\right) \tag{3.2.32(a)}$$

$$B'_z=B_0\pi(a+r')^2\left(\frac{1}{r'^3_{11}}-\frac{1}{r'^3_{21}}-\frac{1.5\rho^4}{(z-h-z')^2\cdot r'^5_{11}}+\frac{1.5\rho^4}{(z+h-z')^2\cdot r'^5_{21}}\right) \tag{3.2.33(a)}$$

其中，$r'_{11}=\sqrt{(a'+r')^2+(z-h-z')^2}$，$r'_{21}=\sqrt{(a'+r')^2+(z+h-z')^2}$。

③ 两共轴单匝圆环电流之间的相互作用力。

对于单匝圆环电流和半无限大铝板之间的相互作用力，可应用镜像法将其等效成两共轴圆环电流之间的相互作用力。下面给出两共轴圆环相互作用力的表达式，并推导悬浮高度 h 与工作电流 I 之间的关系。

两圆环电流示意图如图3.2.6所示，半径分别为 a 和 a'的两共轴圆环，圆心相距 b，分别载有电流 I 和 I'。设 I'在 I 处产生的磁感强度为 B，则 I 上的电流元 $I\mathrm{d}l$ 所受的力为

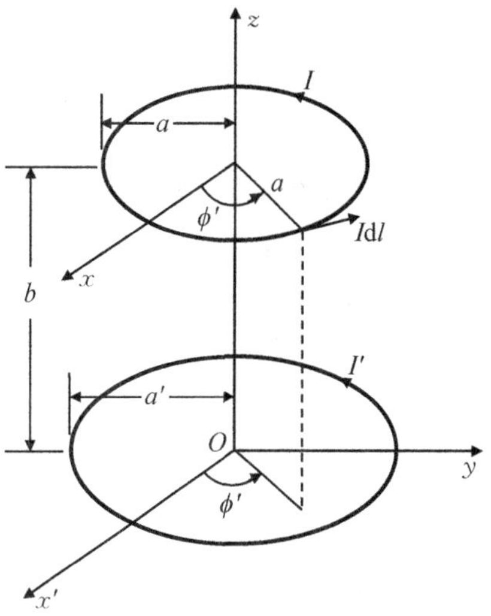

图3.2.6 两圆环电流示意图

$$\begin{aligned}\mathrm{d}\boldsymbol{F}&=I\mathrm{d}\boldsymbol{l}\times B=Ia\,\mathrm{d}\phi'\boldsymbol{e}_\phi\times\boldsymbol{B}=Ia\,\mathrm{d}\phi'\boldsymbol{e}_\phi\times\boldsymbol{B}=Ia\,\mathrm{d}\phi'\boldsymbol{e}_\phi\times(B_\rho\boldsymbol{e}_\rho+B_\phi\boldsymbol{e}_\phi+B_z\boldsymbol{e}_z)\\&=Ia\,\mathrm{d}\phi'\boldsymbol{e}_\phi\times(B_\rho\boldsymbol{e}_\rho+B_z\boldsymbol{e}_z)=Ia\,\mathrm{d}\phi'(-B_\rho\boldsymbol{e}_z+B_z\boldsymbol{e}_\rho)=\mathrm{d}\boldsymbol{F}_z+\mathrm{d}\boldsymbol{F}_\rho\end{aligned} \tag{3.2.34}$$

式中，$\mathrm{d}\boldsymbol{F}_z=-IaB_\rho\mathrm{d}\phi'\boldsymbol{e}_z$ 沿 $\boldsymbol{e}_z$ 的负方向，是 I'吸引 $I\mathrm{d}l$ 的力；$\mathrm{d}\boldsymbol{F}_\rho=IaB_z\mathrm{d}\phi'\boldsymbol{e}_\rho$ 沿 $\boldsymbol{e}_\rho$ 的方向，是 I'作用在 $I\mathrm{d}l$ 上的张力。积分可得

$$F_z=-Ia\oint B_\rho\mathrm{d}\phi'=-2\pi IaB_\rho=-\frac{\mu_0 Ia\cdot I'b}{a\sqrt{(a'+a)^2+b^2}}\left[\frac{a'^2+a^2+b^2}{(a'-a)^2+b^2}E(k)-K(k)\right] \tag{3.2.35}$$

$$F_\rho = |\boldsymbol{F}_\rho| = \left| Ia\oint B_z \mathrm{d}\phi' \boldsymbol{e}_\rho \right| = 0 \tag{3.2.36}$$

$\mathrm{d}F_\rho$ 在 I 环内产生的张力为

$$\begin{aligned} T &= \frac{1}{2}\int_{-\frac{\pi}{2}}^{\frac{\pi}{2}} (IaB_z \mathrm{d}\phi')\cos\phi' = IaB_z \\ &= \frac{\mu_0 II'a}{2\sqrt{(a+a')^2+b^2}}\left[\frac{a'^2-a^2-b^2}{(a'-a)^2+b^2}E(k)+K(k)\right] \end{aligned} \tag{3.2.37}$$

对于磁悬浮系统，盘状载流 N 匝线圈施加的电流为 I，铝板内感应的涡流为 I'。I 与 I' 幅值大小相等、相位差为 $\frac{\pi}{2}+\varphi_L$。将 $b=2h$，等效半径 $a'=a$，代入式(3.2.35)、式(3.2.37)中，可得线圈受到斥力 F_2 和张力 T 为

$$F_2 = \mu_0 I^2 \sin\phi_L N^2 k(2h/a)\left[\left(0.5\left(\frac{a}{h}\right)^2+1\right)E(k)-K(k)\right] \tag{3.2.38}$$

$$T = \frac{\mu_0}{4} I^2 \sin\phi_L N^2 k\,[K(k)-E(k)] \tag{3.2.39}$$

式中，$k=1/\sqrt{(h/a)^2+1}$，a 为盘状线圈平均半径，$a=(R_2-R_1)/2$，h 为盘状线圈起浮高度。式(3.2.38)中 F 的下标 2 表示是采用算法二圆环电流算法获得的浮力。

在工作电流 I 大于一定数值后，盘状线圈开始上浮，当达到稳定时，磁悬浮力与盘状线圈重力相等，即有

$$F_2 = mg \tag{3.2.40}$$

联合式(3.2.38)和式(3.2.40)，求解方程即可得到悬浮高度 h 与工作电流 I 的关系为

$$h = f(I) \tag{3.2.41}$$

已知线圈电流 I 与铝板起浮高度 h 的实测数据如表 3.2.1 所示。

表 3.2.1　线圈所加电流与铝板起浮高度 h 的实测数据表

工作电流 I'/A	17	18	19	20	21	22
起浮高度 h'/cm	0.0	0.4	0.6	1.2	1.6	1.8

使用 MATLAB 在同一张图上绘制出理论曲线 $h=f(I)$ 与实测曲线 $h'=f(I')$，就可以对两者进行比较。

(3) 两种算法磁悬浮浮力的 MATLAB 仿真及结果对比。

① 两种算法磁悬浮浮力的 MATLAB 仿真。

将下述程序存成文件名 shiyan2_force1.m，将其复制到 MATLAB 搜索目录下，然后在 MATLAB 命令行窗口输入“shiyan2_force1”并按“ENTER”键，即可获得仿真结果。

两种算法磁悬浮浮力的 MATLAB 仿真程序如下：

```
%磁悬浮仿真程序 shiyan2_force1.m
clear;clf;
N=250;                                  %盘状线圈匝数
m=3.1;                                  %盘状线圈质量,单位 kg
mu0=4*pi*1e-7;                          %空气磁导率
R1=0.031;                               %盘状线圈内径,单位 m
R2=0.195;                               %盘状线圈外径,单位 m
a=(R2+R1)/2;                            %盘状线圈等效半径,单位 m

%h为盘状线圈起浮高度,单位 m,I为盘状线圈工作电流,单位 A
[h,I]=meshgrid(0:0.001:0.018,15:1:25); %设置 x、y,即 h、I 坐标网格点
[rows,columns]=size(h);

%算法一:虚位移法
figure(1); %图1为F1～(h,I)曲面和重力 F0=mg 截面
F1_sin_phiL=0.150;
F1=mu0*a.*N^2*I.^2*F1_sin_phiL./(2*h); %计算浮力 F1,单位 N
F0=31*ones(rows,columns); %F0为实验力,即重力 mg=31N
mesh(h,I,F1); %F1～(h,I)网格曲面
hold on
surf(h,I,F0); %F0=mg=31N 实体截面
legend('F1=f(h,I)','F0=31N');
xlabel('悬浮高度 h/m'),ylabel('工作电流 I/A'),zlabel('浮力 F1 或重力 F0/N');
title('算法一:虚位移算法');

%算法二:圆环电流法
figure(2); %图2为F2～(h,I)曲面和重力 F0=mg 截面
F2_sin_phiL=0.150;
k=((h./a).^2+1).^-0.5;
[K,E]=ellipke(k); %K为第一类完全椭圆积分,E为第二类完全椭圆积分
F2=mu0*F2_sin_phiL*N^2*h.*I.^2.*((0.5*(a./h).^2+1).*E-K).*k./
a; %计算浮力 F2,单位 N
```

```
mesh(h,I,F2); %F2～(h,I)网格曲面
hold on
surf(h,I,F0); %F0=Mg=31N实体截面
legend('F2=f(h,I)','F0=31N');
xlabel('悬浮高度 h/m'),ylabel('工作电流 I/A'),zlabel('浮力 F2 或重力 F0/N');
title('算法二:圆环电流法');

figure(3); %图3为high～current曲线,单匝圆环 h=f(I),虚位移 h=F(I),实测 h'=f(I')
[c,h1]=contour(I,h,F2,[31,31],':k'); %F2～(h,I)网格曲面
set(h1,'ShowText','on','TextStep',get(h1,'LevelStep')*2); %等位线上加上电位数字
hold on;
[c,h1]=contour(I,h,F1,[31,31],'-.b'); %F1～(h,I)网格曲面
set(h1,'ShowText','on','TextStep',get(h1,'LevelStep')*2); %等位线上加上电位数字
hold on;
Ipie=17:1:22;
hpie=[0,0.004,0.006,0.012,0.016,0.018];
plot(Ipie,hpie,'r*-');
ylabel('悬浮高度 h/m'),xlabel('工作电流 I/A');
legend('单匝圆环 h=f(I)','虚位移 h=F(I)','实测 h'=f(I')');
title('工作电流 I 与悬浮高度 h 关系曲线');
```

程序运行后可画出算法一中式(3.2.10)和算法二中式(3.2.38)的浮力 F_1、F_2 与悬浮高度 h、工作电流 I 的二维曲面图 $F_1\sim(h,I)$、$F_2\sim(h,I)$，如图 3.2.7、图 3.2.8 所示。这两个图中还叠加了重力 $F_0=mg$ 截面图。

该程序还画出了算法一中式(3.2.12)和算法二中式(3.2.41)中的理论曲线 $h=F(I)$、$h=f(I)$，并在图上叠加实测曲线 $h'=f(I')$，如图 3.2.9 所示。

② 两种算法仿真结果对比分析。

在 MATLAB 仿真程序 shiyan2_force1.m 中，取圆盘的等效半径为内径和外径的平均值，即 $a=(R_1+R_2)/2$，使用算法一中式(3.2.10)对工作电流 $I=15\sim18$ A 和起浮高度 $h=0\sim18$ mm 下的悬浮力 F_1 进行计算，计算结果如图 3.2.7 所示。在图 3.2.7 中，F_1 为算法一中式(3.2.10)得到的磁力，F_0 与盘状线圈重力 mg 相等。同理，对于算法二，取等效半径 $a=(R_1+R_2)/2$，使用式(3.2.38)对 F_2 进行计算，计算结果如图 3.2.8

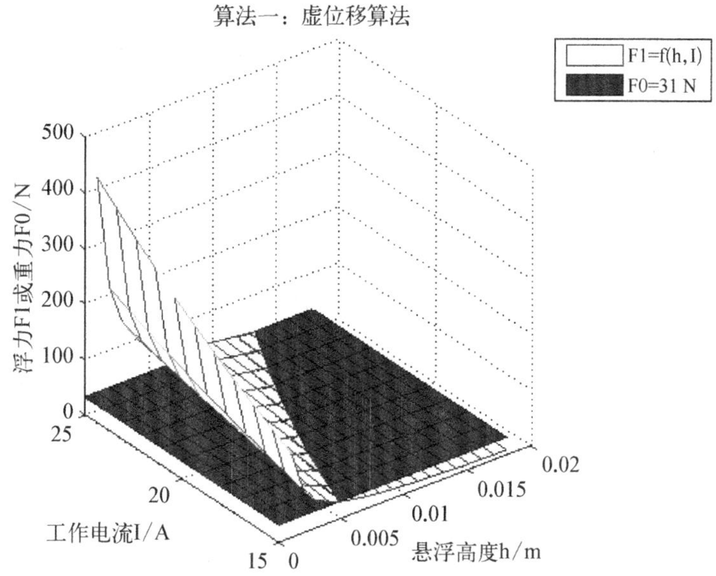

图 3.2.7 算法一中式(3.2.10)的 F_1～(h,I)二维曲面图及重力 F_0=31 N 的截面图

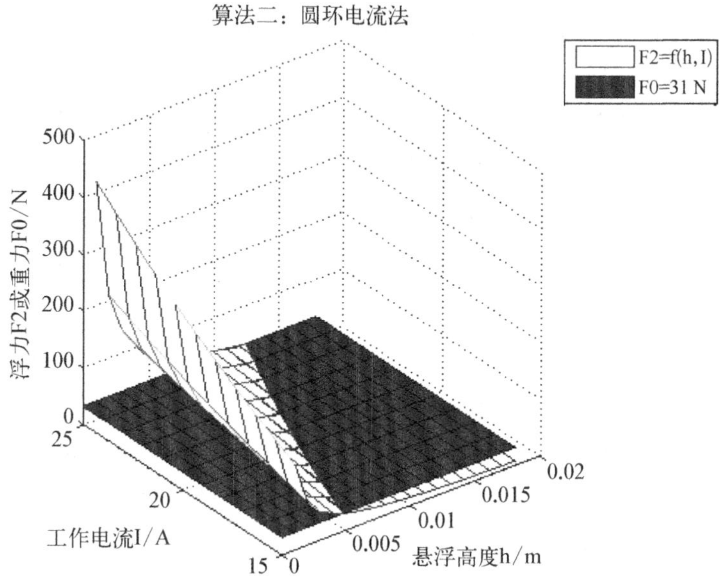

图 3.2.8 算法二中式(3.2.38)的 F_2～(h,I)二维曲面图及重力 F_0=31 N 的截面图

所示。

由图 3.2.7、图 3.2.8 可见，曲面 $F_1 \sim (h, I)$、$F_2 \sim (h, I)$分别与截面 $F_0 = mg$ 产生了截交线，截交线即为算法一中式(3.2.10)和算法二中式(3.2.41)，也就是 $F_1 = mg$、$F_2 = mg$ 平衡状态下的理论曲线 $h = F(I)$、$h = f(I)$。

由图 3.2.9 可见，在工作电流 I=15～18A 和起浮高度 h=0～18 mm 下，理论曲线

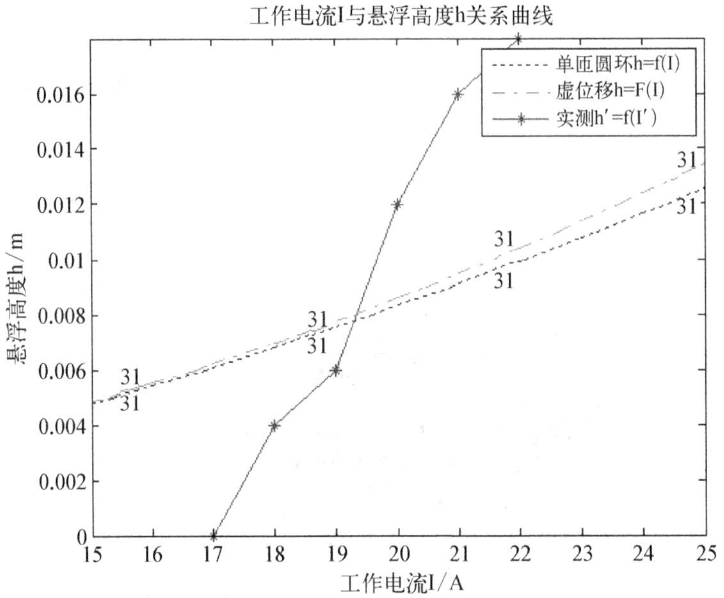

图 3.2.9　工作电流与悬浮高度的理论曲线 $h=f(I)$、$h=F(I)$ 和实测曲线 $h'=f(I')$

$h=F(I)$ 和 $h=f(I)$ 两者是一致的，但理论曲线与实测曲线 $h'=f(I')$ 相比，两者的斜率相差较大。究其原因，可能有以下四点。

(a) 本实验中的涡流热损耗是用功率因数或工作电流与涡流之间的相位角根据实验数据"试凑"出来的，可以认为是经验数据。

(b) 当频率为 50 Hz 时，铝板的集肤深度为 12 mm，当选用 14 mm 厚的铝板时仅近似地满足这一要求，实际上有很大一部分磁场能量泄漏了，没有用于克服重力。

(c) 算法一的线圈电感采取了近似计算。

(d) 盘状线圈被简单地等效为集中于一等效半径上的多个单匝线圈，且等效半径赋值为内外半径的平均值，这与实际情况不符。

综上所述，算法一和算法二都是在一些假设条件下计算电流环和铝板之间的作用力，算法一中浮力 F_1 的计算公式(3.2.10)简洁、计算方便。算法二中 F_2 的浮力公式(3.2.38)含有椭圆积分，需用软件计算。算法一和算法二两者理论曲线一致，但与实测曲线相比，斜率误差较大。为了减少斜率误差，算法二可进行改进，即将集中于一等效半径上的单匝圆环线圈，更换为无限薄的电流圆盘，再用高斯-勒让德积分进行计算。

(4) 两同轴同半径圆环电流之间的磁场 MATLAB 仿真。

将下述程序存成文件名 shiyan2_BpBz1.m，将其复制到 MATLAB 搜索目录下，然后在 MATLAB 命令行窗口输入"shiyan2_BpBz1"并按"ENTER"键，即可获得仿真结果。

两同轴同半径圆环电流之间的磁场的 MATLAB 仿真程序如下：

```
%磁悬浮磁场仿真程序 shiyan2_BpBz1.m
```

```
clear;clf;
N = 250;                                      % 盘状线圈匝数
mu0 = 4 * pi * 1e-7;                          % 空气磁导率
R1 = 0.031;                                   % 盘状线圈内径,单位 m
R2 = 0.195;                                   % 盘状线圈外径,单位 m
a = (R2 + R1)/2;                              % 盘状线圈等效半径,单位 m
% h 为盘状线圈起浮高度,单位 m,I 为盘状线圈工作电流,单位 A
h = 0.020;                                    % 盘状线圈起浮高度,单位 m
I = 20;                                       % 盘状线圈电流,单位 A
BON = mu0 * I * N/(2 * pi);
a_plus_rpie = a;
zpie = 0;
[rho,z] = meshgrid(0.005:0.0025:0.14, - 0.12:0.005:0.12); % 设置 rho、z 坐标网格点

% 盘状线圈沿 rho 轴方向的磁感应强度为 Brho1,沿着轴线方向的磁感应强度为 Bz1
a_plus_rpie1 = a;
h1 = h;
rp11 = sqrt((a_plus_rpie1 + rho).^2 + (z - h1 - zpie).^2);
k11 = 2 * sqrt(a_plus_rpie1 * rho)./rp11;
[K11,E11] = ellipke(k11); % K11 为第一类完全椭圆积分,E11 为第二类完全椭圆积分
rp21 = sqrt((a_plus_rpie1 + rho).^2 + (z + h1 - zpie).^2);
k21 = 2 * sqrt(a_plus_rpie1 * rho)./rp21;
[K21,E21] = ellipke(k21); % K21 为第一类完全椭圆积分,E21 为第二类完全椭圆积分
% 求任一点的磁感应强度 B'rho1,单位 mT
Bpierho1 = 1000 * BON * ((z - h1 - zpie)./rp11./rho).* ((a_plus_rpie1^2 + rho.^2 + (z - h1 - zpie).^2)./((a_plus_rpie1 - rho).^2 + (z - h1 - zpie).^2).* E11 - K11) - 1000 * BON * ((z + h1 - zpie)./rp21./rho).* ((a_plus_rpie1^2 + rho.^2 + (z + h1 - zpie).^2)./((a_plus_rpie1 - rho).^2 + (z + h1 - zpie).^2).* E21 - K21);
% 求任一点的磁感应强度 B'z1,单位 mT
Bpiez1 = 1000 * BON * (1./rp11).* ((a_plus_rpie1^2 - rho.^2 + (z - h1 - zpie).^2)./((a_plus_rpie1 - rho).^2 + (z - h1 - zpie).^2).* E11 + K11) - 1000 * BON * (1./rp21).* ((a_plus_rpie1^2 - rho.^2 + (z + h1 - zpie).^2)./((a_plus_rpie1 - rho).^2 +
```

```
(z + h1 - zpie).^2). * E21 + K21);
    figure(1); % 图 1 为两个圆环电流磁感应强度 B 的矢量图
    quiver(rho,z,Bpierho1,Bpiez1,20);      % 第五输入宗量 20 使磁场强箭头长短适中
    hold on
    % 在场域(rho,z)上画出两个圆圈,圆圈的内部'.'和'x'代表环电流方向
    tt = 0:pi/10:2 * pi;
    plot(a,h1,'xr');
    plot(a + 0.001 * cos(tt),h1 + 0.001 * sin(tt),'r');
    plot(a, - h1,'.r');
    plot(a + 0.001 * cos(tt), - h1 + 0.001 * sin(tt),'r');

    y = - 0.1:0.001:0.1;
    x = 0;
    plot(x,y,'r-');                          % 画盘状线圈轴心线 z 轴
    y = 0.09:0.01:0.1;
    x = y - 0.1;
    plot(x,y,'r-');                          % 画盘状线圈轴心线箭头
    y = 0.09:0.01:0.1;
    x = 0.1 - y;
    plot(x,y,'r-');                          % 画盘状线圈轴心线箭头
    legend('磁场矢量 B');
    xlabel('ρ/m');
    ylabel('z/m');
    title('两个圆环电流的磁场分布');
```

程序运行后可画出两个圆环电流在场域(ρ,z)上的 $\boldsymbol{B}$ 矢量图如图 3.2.10 所示。

4) 盘状线圈磁场分布计算与电磁力计算

(1) 磁场分布计算。

应用镜像法,设 $D_R=R_2-R_1$,可以将盘状线圈和半无限大铝板悬浮磁系统等效成两个径向电流线密度分别 NI/D_R 和 NI'/D_R 的共轴无限薄盘状线圈,由式(3.2.32)、式(3.2.33)可推知,通过对两个单匝线圈磁场$(NI/D_R)B'_{\rho/I}\boldsymbol{e}_\theta$ 和$(NI/D_R)B'_{z/I}\boldsymbol{e}_z$ 沿着径向进行一维高斯-勒让德积分,即可求得场域内任意一点的磁场 $B''_\rho\boldsymbol{e}_\theta$ 和 $B''_z\boldsymbol{e}_z$。

$$B''_\rho=\int_{-D_R/2}^{D_R/2}(NI/D_R)B'_{\rho/I}(r')\mathrm{d}r' \tag{3.2.42}$$

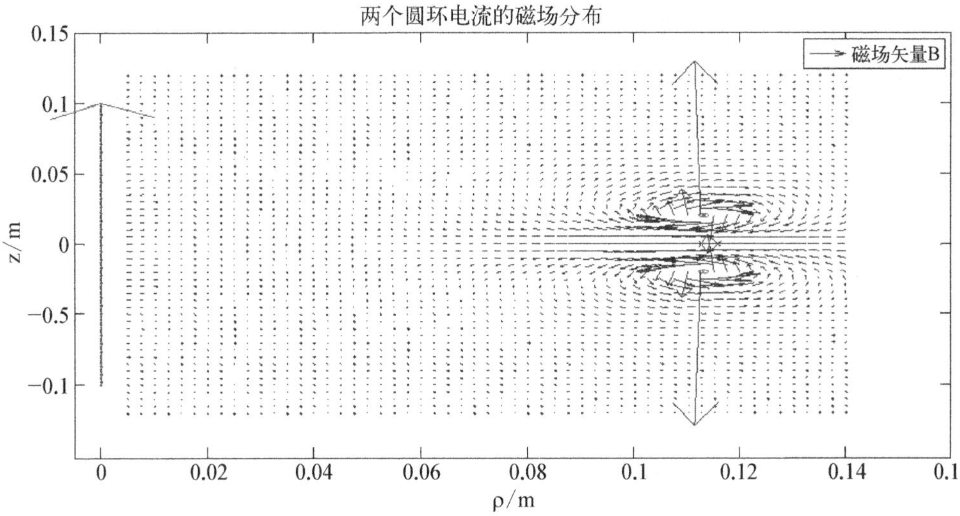

图 3.2.10　两个圆环电流在场域(ρ,z)上的磁感应强度 B 矢量图

$$B''_z = \int_{-D_R/2}^{D_R/2} (NI/D_R) B'_{z/I}(r')\mathrm{d}r' \tag{3.2.43}$$

高斯-勒让德积分如下：

$$\int_{-1}^{1} f(\xi)\mathrm{d}\xi = \sum_{i=1}^{n} H_i f(\xi_i)$$

当采用 $n=5$ 的高斯-勒让德积分时，需要将 $r'=(D_R/2)t$ 代入表达式(3.2.42)、式(3.2.43)中，将其积分上、下限从 $[-D_R/2, D_R/2]$ 变换为$[-1,1]$，即

$$B''_\rho = 0.5D_R \int_{-1}^{1} (NI/D_R) B'_{\rho/I}\mathrm{d}t = 0.5N\left(\sum_{i=1}^{5} H_i B'_\rho \big|_{r'=0.5D_R\cdot\xi_i}\right) \tag{3.2.44}$$

$$B''_z = 0.5D_R \int_{-1}^{1} (NI/D_R) B'_{z/I}\mathrm{d}t = 0.5N\left(\sum_{i=1}^{5} H_i B'_z \big|_{r'=0.5D_R\cdot\xi_i}\right) \tag{3.2.45}$$

表 3.2.2 为高斯-勒让德积分的节点及其权重系数。

表 3.2.2　高斯-勒让德积分的节点及其权重系数

高斯-勒让德积分节点 ξ_i	权重系数 H_i
$n=2$	
±0.57735 02691 89626	1.00000 00000 00000
$n=3$	
0.00000 00000 00000	0.88888 88888 88889

续 表

高斯-勒让德积分节点 ξ_i	权重系数 H_i
±0.77459 66692 41483	0.55555 55555 55556
$n=4$	
±0.33998 10435 84856	0.65214 51548 62546
±0.86113 63115 94055	0.34785 48451 37454
$n=5$	
0.00000 00000 00000	0.56888 88888 88889
±0.53846 93101 05683	0.47862 86704 99366
±0.90617 98459 38664	0.23692 68850 56189
$n=6$	
±0.23861 91860 83197	0.46791 39345 72691
±0.66120 93864 66265	0.36076 15730 48139
±0.93246 95142 03152	0.17132 44923 79170
$n=7$	
0.00000 00000 00000	0.41795 91836 73469
±0.40584 51513 77397	0.38183 00505 05119
±0.74153 11855 99394	0.27970 52914 89277
±0.94910 79123 42759	0.12948 49661 68870
$n=8$	
±0.18343 46424 95650	0.36268 37833 78362
±0.52553 24099 16329	0.31370 66458 77887
±0.79666 64774 13627	0.22238 10344 53374
±0.96028 98564 97536	0.10122 85362 90376
$n=15$	
0.00000 00000 00000	0.20257 82419 25560
±0.20119 40939 97430	0.19843 14853 27110

续　表

高斯-勒让德积分节点 ξ_i	权重系数 H_i
±0.39415 13470 77560	0.18616 10000 15570
±0.57097 21726 08580	0.16626 92058 16980
±0.72441 77313 60040	0.13957 06779 26170
±0.84820 65834 10750	0.10715 92204 67090
±0.93727 33924 00300	0.07036 60474 88440
±0.98799 25180 20670	0.03075 32419 95770

(2) 电磁力计算。

盘状线圈的电磁力同样采用高斯-勒让德积分进行计算，类似于表达式(3.2.35)、式(3.2.38)，两个盘状线圈之间的作用力

$$\begin{aligned} F_z &= 0.5N\sin\phi_L\sum_{j=1}^{n}[H_j B''_{\rho 2} I(2\pi\rho)]\big|_{z=h,\rho=a+0.5D_R\cdot\xi_j} \\ &= 0.25\sin\phi_L NI\sum_{j=1}^{n}\left\{H_j\left[\sum_{i=1}^{n}H_i(2\pi\rho B'_{\rho 2})\big|_{a'+r'=a+0.5D_R\cdot\xi_i}\right]\Big|_{z=h,\rho=a+0.5D_R\cdot\xi_j}\right\} \end{aligned} \tag{3.2.46}$$

根据式(3.2.32)并考虑 N 匝线圈，可获得式(3.2.46)中的 $\rho B'_{\rho 2}$ 为

$$\rho B'_{\rho 2} = \frac{-NB_0(z+h-z')}{\sqrt{(a'+r'+\rho)^2+(z+h-z')^2}}\left[\frac{(a'+r')^2+\rho^2+(z+h-z')^2}{(a'+r'-\rho)^2+(z+h-z')^2}E(k_2)-K(k_2)\right] \tag{3.2.47}$$

式中，$B_0=I\mu_0/(2\pi)$，I 为圆环电流，I'为镜像电流，I 与 I'的幅值大小相等、相位相差 $\frac{\pi}{2}+\phi_L$。$B'_{\rho 2}$ 表示镜像电流 I'在(ρ,z)点产生的径向磁感应强度。$K(k_2)$、$E(k_2)$为第一类和第二类完全椭圆积分，其中的 $k_2=\sqrt{\dfrac{4(a'+r')\rho}{(a'+r'+\rho)^2+(z+h-z')^2}}$。

k_2 表达式及式(3.2.47)中，h 为盘状线圈起浮高度；a 为盘状线圈平均半径，$a=(R_2+R_1)/2$；a'为镜像线圈平均半径 $a'=a$，z'、r'分别表示镜像电流 I'在径向和 z 向的位置偏移，$z'=0$，$a+r'=a'+r'=a'+0.5D_R\xi_i$；$\rho$ 和 z 分别为受力圆环线圈(电流 I)的半径和 z 向坐标，$z=h$，$\rho=a+0.5D_R\xi_j$；设 $r'_{21}=\sqrt{(a'+r'+\rho)^2+(z+h-z')^2}$，$B_{k2}=\dfrac{(a'+r')^2+\rho^2+(z+h-z')^2}{(a'+r'-\rho)^2+(z+h-z')^2}E(k_2)-K(k_2)$，故式(3.2.47)变为 $\rho B'_{\rho 2}=-\dfrac{\mu_0}{2\pi}$

$\frac{NI2h}{r'_{21}}B_{k2}$，将其代入式(3.2.46)中，当采用 $n=15$ 的高斯-勒让德积分时，可得

$$F_z=-0.25\mu_0\sin\phi_L N^2\left\{\sum_{j=1}^{15}\sum_{i=1}^{15}\left[H_jH_i(I^2\cdot 2h\cdot B'_{k2}/r'_{21})\big|_{a'+r'=a'+0.5D_R\cdot\xi_i,z=h,\rho=a+0.5D_R\cdot\xi_j}\right]\right\} \tag{3.2.48}$$

式中，F_z 为负数时表示推斥力。

上述计算中，高斯-勒让德圆环电流积分点 n 最高达到了 15，若还想再提高计算精度，可采用如下两种方法：

① 积分区间不变，即载流圆盘数目保持为 2 个(1 个 N 匝载流圆盘和 1 个 N 匝镜像圆盘)，继续增加积分点数目 n 值；

② 保持 $n=15$ 不变，对积分区间进行等间距对分。无限薄载流圆盘与镜像圆盘的积分区间划分示意图如图 3.2.11 所示，以平均半径 a_1 和 a'_1 为边界，将载流圆盘由 2 个划分成 4 个：载流圆盘 1、载流圆盘 2、镜像圆盘 1 和镜像圆盘 2，每个圆盘的线圈匝数减半。这样，可继续采用 $n=15$ 高斯-勒让德积分法来计算这 4 个载流圆盘两两之间的作用力 F_z，即：

$$F_z=-0.25\mu_0\sin\phi_L N^2\left\{\sum_{j=1}^{15}\sum_{i=1}^{15}\sum_{l=1}^{2}\sum_{m=1}^{2}\left[H_jH_i(I^2 2hB'_{k2}/r'_{21})\big|_{a'+r'=a'(l)+0.25D_R\xi_i,z=h,\rho=a(m)+0.25D_R\xi_j}\right]\right\} \tag{3.2.49}$$

式中，$a'(1)$、$a'(2)$分别为镜像圆盘 1、2 的平均半径，$a'(1)=R_1+0.25D_R$，$a'(2)=R_1+0.75D_R$；$a(1)$、$a(2)$ 分别为载流圆盘 1、2 的平均半径，$a(1)=R_1+0.25D_R$，$a(2)=R_1+0.75D_R$；其余同前。

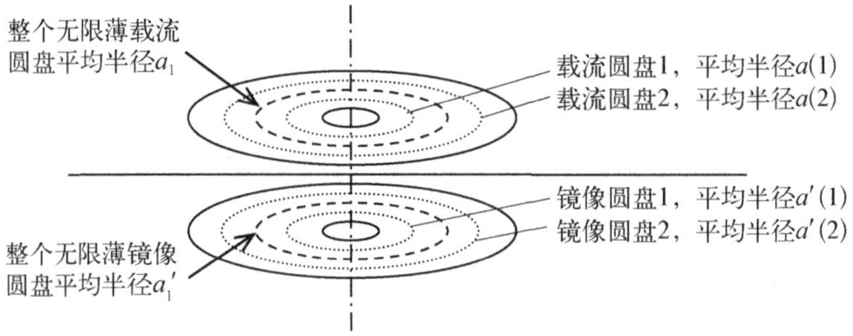

图 3.2.11 无限薄载流圆盘与镜像圆盘的积分区间划分示意图

在工作电流 I 大于一定数值后，盘状线圈开始上浮，当达到稳定时，磁悬浮力与盘状线圈重力相等，即有

$$F_z=mg \tag{3.2.50}$$

联合式(3.2.48)、式(3.2.50),或联合式(3.2.49)、式(3.2.50)求解方程,即可得到悬浮高度 h 与工作电流 I 的关系曲线:

$$h = H(I) \tag{3.2.51}$$

3. 实验内容

(1) 请编制 MATLAB 程序,通过 $n=5$ 的高斯-勒让德积分画出两个无限薄盘状线圈(即1个载流圆盘线圈和1个镜像载流圆盘线圈)在场域(ρ, z)上的磁感应强度 $\boldsymbol{B}$ 的矢量图。参考结果如图3.2.12所示。

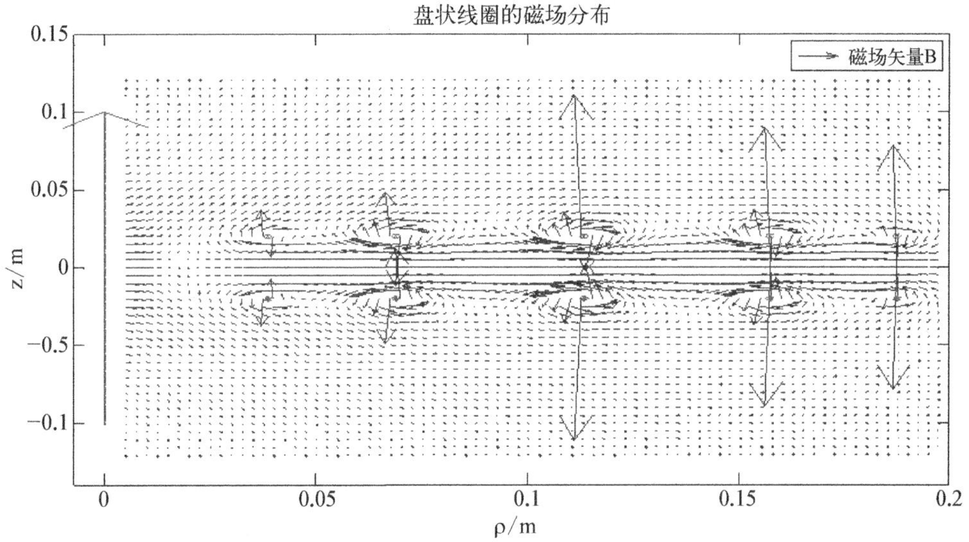

图 3.2.12　两个盘状线圈在场域($\boldsymbol{\rho}, z$)上的磁感应强度 $\boldsymbol{B}$ 矢量图

(2) 已知线圈电流 I 与铝板起浮高度 h 的实测数据如表3.2.1所示,请编制 MATLAB 程序,分别采用不同点数($n=1,2,8,15$)高斯-勒让德积分计算两个无限薄载流线圈之间的作用力,然后在同一张图上绘制出理论曲线 $h=f(I)$、$h=F(I)$、$h=H(I)$ 与实测曲线 $h'=f(I')$,并进行比较分析。

(3) 请编制 MATLAB 程序,采用将两个无限薄盘状线圈等间距对分为四个的方法,并利用 $n=15$ 的高斯-勒让德积分计算载流线圈之间的作用力,参考结果如图3.2.13、图3.2.14所示。

4. 实验报告要求

(1) 给出两个无限薄盘状线圈在场域(ρ, z)上的磁感应强度 $\boldsymbol{B}$ 的矢量图仿真结果,列出仿真源程序。

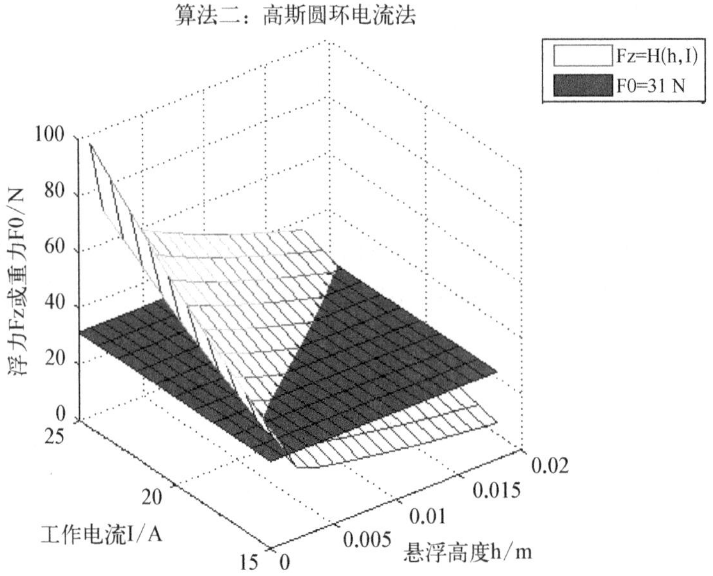

图 3.2.13　算法二的二维曲面图 $F_z \sim (h, I)$ 及重力 $F_0 = 31$ N 的截面图

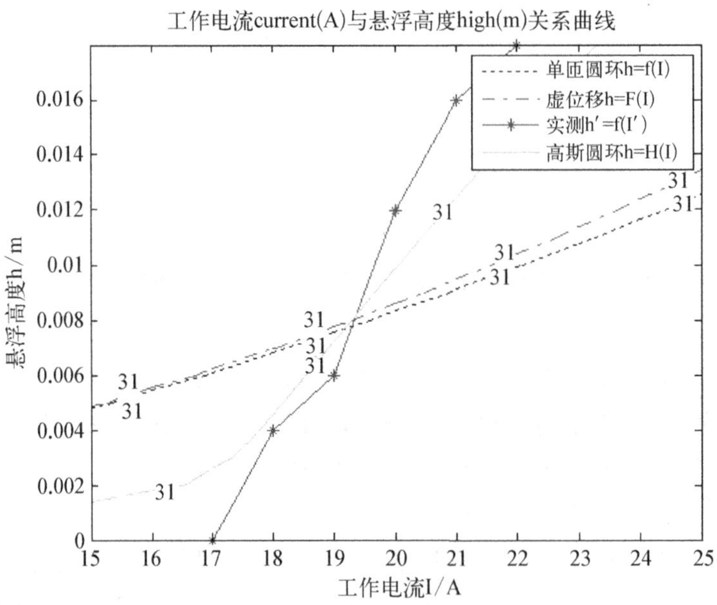

图 3.2.14　工作电流与悬浮高度的理论曲线 $h = f(I)$、$h = F(I)$、$h = H(I)$ 和实测曲线 $h' = f(I')$

（2）给出两个和四个无限薄载流圆盘之间的作用力的仿真结果，列出仿真源程序，并对理论曲线与实测结果进行分析比较。

（3）如果单独进行仿真实验，请解答 2.2 磁悬浮实验中的思考题。

3.3 静电除尘仿真

1. 实验目的

通过该实验可以让学生掌握典型静电场结构的电场分布数字仿真方法，了解静电除尘装置的工作原理，熟悉带电粒子在静电除尘电场中的运动轨迹。

2. 实验原理

首先给出两个典型静电场结构电场的 MATLAB 仿真实例：一个是带有半圆柱凸起的接地导体平板结构，另一个是静电除尘实验装置中使用的空心圆柱体结构。接下来对静电除尘器的工作原理进行简单介绍，并对带电粒子在空心圆柱体电场中的运动轨迹进行数字仿真。

1）带有半圆柱凸起的接地导体平板电场仿真

(1) 镜像电荷法。

① 计算公式的推导。

线电荷与带有半圆柱凸起的接地导体平板如图 3.3.1 所示，无限大的水平接地导体连接一凸起的导体半圆柱，设该半圆柱的半径为 R。在接地导体上方 $P(x_0, y_0)$ 的位置处，与导体半圆柱平行地放置有线密度为 λ 的无限长线电荷。因在垂直于线电荷的所有截面上电场的分布均相同，故所求的电场为平行平面场。

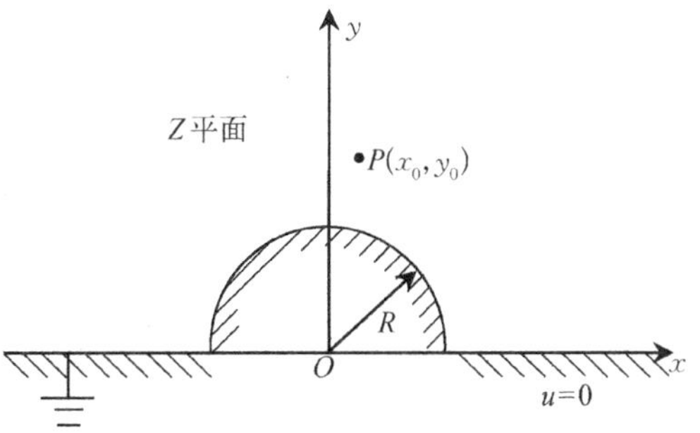

图 3.3.1 线电荷与带有半圆柱凸起的接地导体平板

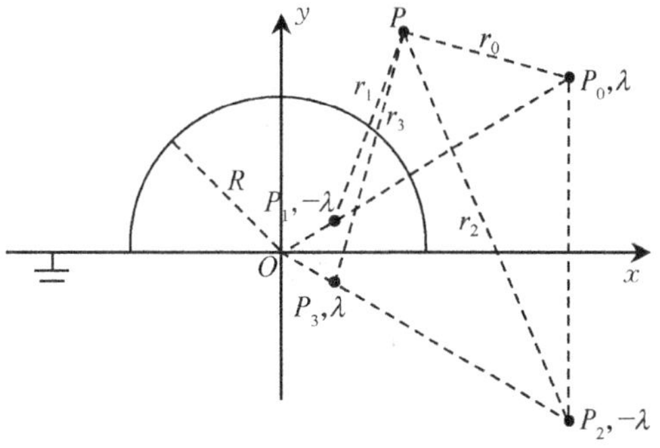

图 3.3.2 3 个镜像线电荷的布置

由于线电荷 λ 引起接地导体上产生感应电荷，接地导体上感应电荷可以用镜像电荷等效，引入 3 个镜像线电荷，空间总电势为 4 个线电荷电势之和。3 个镜像线电荷的布置如图 3.3.2 所示。

根据无限大平行板的对称性和圆柱面对线电荷的对称性，确定 4 个线电荷的位置和电荷值分别为

$$
\begin{aligned}
&P_0(x_0,y_0),P_0(\theta_0,\rho_0), && \lambda \\
&P_1(x_1,y_1)=P_1\left(\frac{R^2}{\rho_0^2}x_0,\frac{R^2}{\rho_0^2}y_0\right),P_1\left(\theta_0,\frac{R^2}{\rho_0}\right), && \lambda_1=-\lambda \\
&P_2(x_2,y_2)=P_2(x_0,-y_0),P_2(-\theta_0,\rho_0), && \lambda_2=-\lambda \\
&P_3(x_3,y_3)=P_3\left(\frac{R^2}{\rho_0^2}x_0,-\frac{R^2}{\rho_0^2}y_0\right),P_3\left(-\theta_0,\frac{R^2}{\rho_0}\right), && \lambda_3=\lambda
\end{aligned}
\tag{3.3.1}
$$

式中，$\rho_0^2=x_0^2+y_0^2$，由 4 个线电荷在空间点 $P(x,y)$处激发的电势为

$$
\phi=u_1+u_2+u_3+u_4=-\frac{\lambda}{2\pi\varepsilon_0}\ln\frac{r_0r_3}{r_1r_2}+\frac{\lambda}{2\pi\varepsilon_0}\ln m \tag{3.3.2}
$$

式中，r_0、r_1、r_2 和 r_3 分别表示 P_0、P_1、P_2 和 P_3 到导体板上方任一点 P[其直角坐标 $P(x,y)$，极坐标 $P(\theta,\rho)$]的距离：

$$
\begin{aligned}
r_0&=\sqrt{\rho^2+\rho_0^2-2\rho\rho_0\cos(\theta-\theta_0)} \\
r_1&=\sqrt{\rho^2+(R^2/\rho_0)^2-2\rho(R^2/\rho_0)\cos(\theta-\theta_0)} \\
r_2&=\sqrt{\rho^2+\rho_0^2-2\rho\rho_0\cos(\theta+\theta_0)} \\
r_3&=\sqrt{\rho^2+(R^2/\rho_0)^2-2\rho(R^2/\rho_0)\cos(\theta+\theta_0)}
\end{aligned}
\tag{3.3.3}
$$

式中，$\rho^2=x^2+y^2$，m 表示零势能点选取对电势的影响。

令空间点 $P(x,y)$位于圆柱上，圆柱面上电势的求解如图 3.3.3 所示。

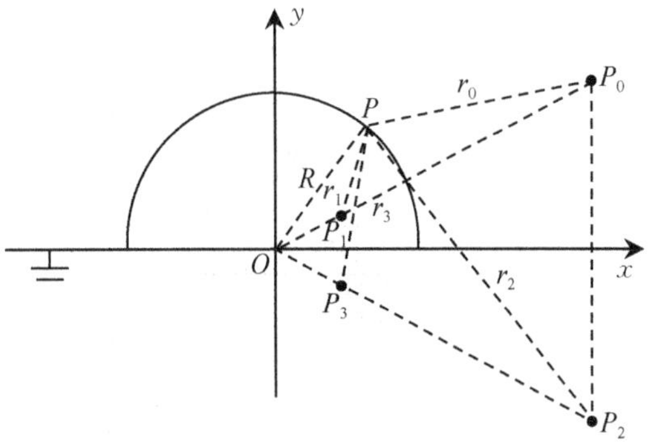

图 3.3.3 圆柱面上电势的求解

由△OPP_0 与△OP_1P 相似，可得

$$
\frac{r_0}{r_1}=\frac{\rho_0}{R} \tag{3.3.4}
$$

由△OPP_2 与△OP_3P 相似，可得

$$
\frac{r_3}{r_2}=\frac{R}{\rho_0} \tag{3.3.5}
$$

因而半圆柱凸起上任意一点满足关系

$$
\frac{r_0r_3}{r_1r_2}=1 \tag{3.3.6}
$$

将式(3.3.6)代入式(3.3.1)得

$$
\phi=\frac{\lambda}{2\pi\varepsilon_0}\ln m \tag{3.3.7}
$$

根据导体板接地的条件，即

$$\frac{\lambda}{2\pi\varepsilon_0}\ln m=0 \tag{3.3.8}$$

式(3.3.2)可写为

$$\phi=-\frac{\lambda}{2\pi\varepsilon_0}\ln\frac{r_0r_3}{r_1r_2} \tag{3.3.9}$$

由于4个无限长线电荷位置对于平行板对称，上式也满足平板上电势为零的条件。根据唯一性定理可知，式(3.3.9)是满足边界条件的解。

电势 ϕ 已知后，通过对其求梯度即可获取电场

$$\boldsymbol{E}=-\nabla\phi \tag{3.3.10}$$

或者通过对4个无限长线电荷电场进行叠加获取电场

$$\boldsymbol{E}=\frac{\lambda}{2\pi\varepsilon_0}\left(\sum_{i=1}^{4}\frac{\boldsymbol{e}_{r_i}}{r_i}\right) \tag{3.3.11}$$

② 半圆柱凸起的电场的MATLAB仿真程序。

根据上述计算公式，编写MATLAB函数shiyan3_line_charge1(R,rho0,theta0,q)。

将下述程序存成文件名shiyan3_line_charge1.m，将其复制到MATLAB搜索目录下，然后在MATLAB命令行窗口输入"shiyan3_line_charge1(1,2,pi/2,1)"并按"ENTER"键，即可获得仿真结果。

半圆柱凸起的电场的MATLAB仿真程序如下：

```
%半圆柱凸起的电场计算源程序shiyan3_line_charge1.m如下：
function [] = shiyan3_line_charge1(R,rho0,theta0,q)
%在接地的导体平面上有一半径为R的半圆柱凸部，半圆柱的轴心线位于导体平面上，并平行于z轴，线电荷λ/(2πε0)布置在导体上半空间，其"电轴"也平行于z轴，本函数在垂直于z轴的平面上画出电势线和电场线，函数shiyan3_line_charge1(R,rho0,theta0,q)中，R为半圆柱导体的半径，(rho0,theta0)为线电荷轴心坐标(ρ0,θ0)，rho0>R,0<theta0<pi,q=λ/(2πε0)为电荷线密度，本仿真中使用的R、ρ0、q均为相对值。
if nargin~=4
    disp('请输入R,rho0,theta0,q')
elseif R<=0
    disp('R>0');
elseif rho0<=R
    disp('rho0>a')
elseif or(theta0>=pi, theta0<=0)
```

```
    disp('theta0>=pi,theta0<=0')
else
[x,y]=meshgrid(-(2*R):0.01:2*R,0:0.01:4*R);
[theta, rho]=cart2pol(x,y);
rho (rho<=R)=NaN;R2rho0=R^2/rho0;

figure(1)
subplot(221)
hold on
u1=-q.*log(sqrt(rho0^2-2*rho0* rho.*cos(abs(theta-theta0))+rho.^2));
contour(x,y,u1,[-1:0.1:10]);
[ex,ey]=gradient(-u1);
t=0:pi/10:2*pi;
sx=rho0*cos(theta0)+0.1*cos(t);
sy=rho0*sin(theta0)+0.1*sin(t);
streamline(x,y,ex,ey,sx,sy)
axis equal;
tt=0:pi/30:pi;
plot(R*exp(i*tt),'r')
plot(-3*R:0.1:-R,zeros(size(-3*R:0.1:-R)),'r')
plot(R:0.1:3*R,zeros(size(R:0.1:3*R)),'r')
xlabel('x/m');
ylabel('y/m');
title('孤立线电荷产生的电场线和电势线')
hold off
subplot(222)
u2=q.*log(sqrt(R2rho0^2-2*R2rho0*rho.*cos(theta-theta0)+rho.^2));
contour(x,y,u2,20);
hold on
[ex,ey]=gradient(-u2);
axis equal;
tt=0:pi/30:pi;
plot(R*exp(i*tt),'r')
plot(-3*R:0.1:-R,zeros(size(-3*R:0.1:-R)),'r')
plot(R:0.1:3*R,zeros(size(R:0.1:3*R)),'r')
```

```
[k,l] = pol2cart(theta0,R2rho0);
plot(k,l,'or')
text(k + 0.1,l,'镜像电荷 1')
xlabel('x/m');
ylabel('y/m');
title('镜像线电荷 1 产生的电势线')
axis([ - 3 * R,3 * R, - 0.3, - 0.3 + 6 * R])
hold off
subplot(223)
hold on
u3 = q. * log(sqrt(rho0^2 - 2 * rho0 * rho. * cos(abs(theta + theta0)) + rho.^2));
contour(x,y,u3,20);
[ex,ey] = gradient( - u3);
t = 0:pi/10:2 * pi;
sx = rho0 * cos( - theta0) + 0.1 * cos(t);
sy = rho0 * sin( - theta0) + 0.1 * sin(t);
streamline(x,y,ex,ey,sx,sy)
axis equal;
tt = 0:pi/30:pi;
plot(R * exp(i * tt),'r')
plot( - 3 * R:0.1: - R,zeros(size( - 3 * R:0.1: - R)),'r')
plot(R:0.1:3 * R,zeros(size(R:0.1:3 * R)),'r')
[k,l] = pol2cart( - theta0, rho0);
plot(k,l,'or')
text(k + 0.1,l,'镜像电荷 2');
xlabel('x/m');
ylabel('y/m');
title('镜像线电荷 2 产生的电势线')
axis([ - 3 * R,3 * R, - rho0 * sin(theta0) - 0.3, - rho0 * sin(theta0) - 0.3 + 6 * R])
hold off
subplot(224)
u4 = - q. * log(sqrt(R2rho0^2 - 2 * R2rho0 * rho. * cos(theta + theta0) + rho.^2));
contour(x,y,u4,20);
hold on
[ex,ey] = gradient( - u4);
```

```
axis equal;
tt = 0:pi/30:pi;
plot(R * exp(i * tt),'r')
plot( - 3 * R:0.1: - R,zeros(size( - 3 * R:0.1: - R)),'r')
plot(R:0.1:3 * R,zeros(size(R:0.1:3 * R)),'r')
[k,l] = pol2cart( - theta0,R2rho0);
plot(k,l,'or')
text(k + 0.1,l,'镜像电荷 3');
axis([ - 3 * R,3 * R, - R2rho0 * sin(theta0) - 0.3, - R2rho0 * sin(theta0) - 0.3 + 6 * R])
xlabel('x/m');
ylabel('y/m');
title('镜像线电荷 3 产生的电势线')
hold off

figure(2)
u = u1 + u2 + u3 + u4;
[c,h] = contour(x,y,u,[[ 0.01 0.1 0.3 0.6 0.8 1 1.5 2 5 9 ],30]);
hold on
set(h,'ShowText','on','TextStep',get(h,'LevelStep') * 2)
[ex,ey] = gradient( - u);
t = 0:pi/10:2 * pi;
sx = rho0 * cos(theta0) + 0.1 * cos(t);
sy = rho0 * sin(theta0) + 0.1 * sin(t);
streamline(x,y,ex,ey,sx,sy)
axis equal;
tt = 0:pi/30:pi;
plot(R * exp(i * tt),'b')
plot( - 3 * R:0.1: - R,zeros(size( - 3 * R:0.1: - R)),'b')
plot(R:0.1:3 * R,zeros(size(R:0.1:3 * R)),'b')
colormap flag
xlabel('x/m');
ylabel('y/m');
title('真实电场')
hold off
end
```

程序运行后可得图 3.3.4 和图 3.3.5 所示的运行结果。

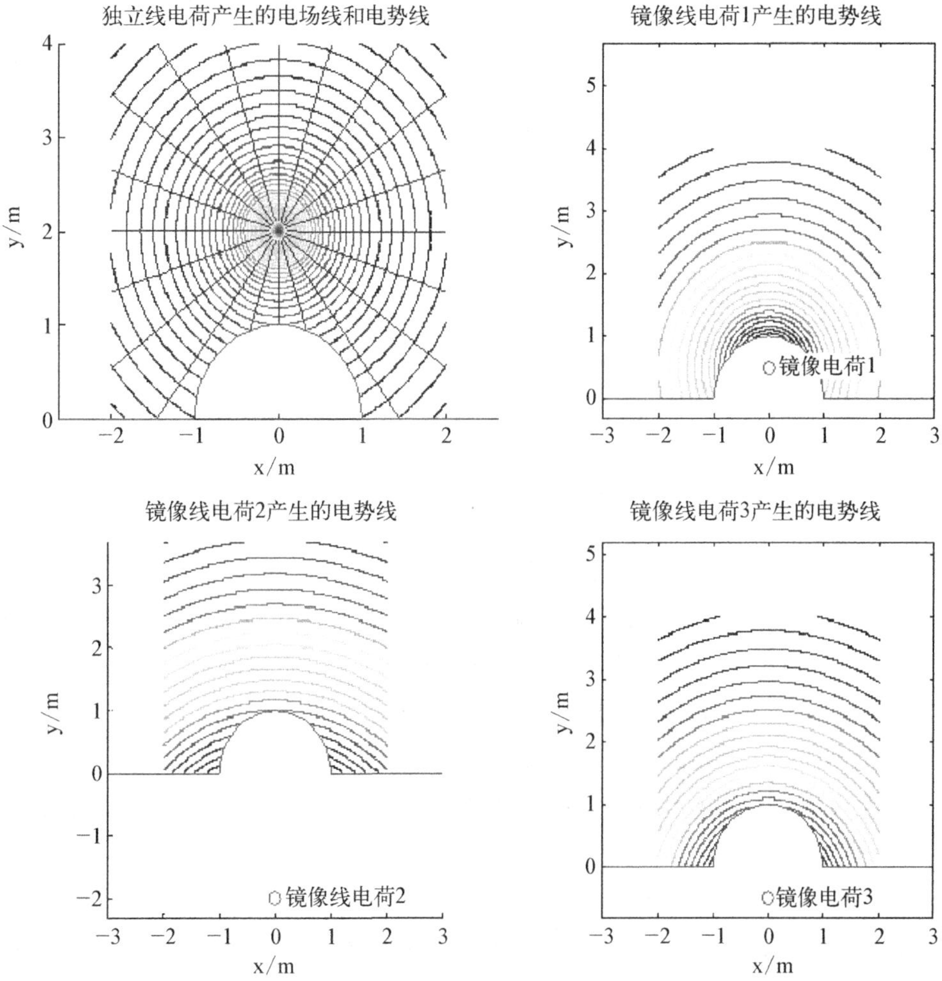

图 3.3.4 孤立线电荷(即自由线电荷)及其镜像电荷分别产生的电势线

由上述计算结果可以看出,真实电场可由几个镜像线电荷和自由线电荷叠加组成。

(2) 应用 MATLAB 工具箱 PDE Toolbox 进行仿真。

PDE Toolbox 提供了研究和求解空间二维偏微分方程问题的一个强大而又灵活实用的环境。PDE Toolbox 的功能包括:

① 设置偏微分方程(PDE)定解问题,即设置二维定解区域、边界条件以及方程的形式和系数;

② 用有限元法求解 PDE 数值解;

③ 解的可视化。

应用 PDE Toolbox 仿真的步骤包括建立几何模型、定义各类边界条件、定义 PDE 类型和系数、网格划分、求解及输出等。无论是高级研究人员还是初学者,在使用 PDE

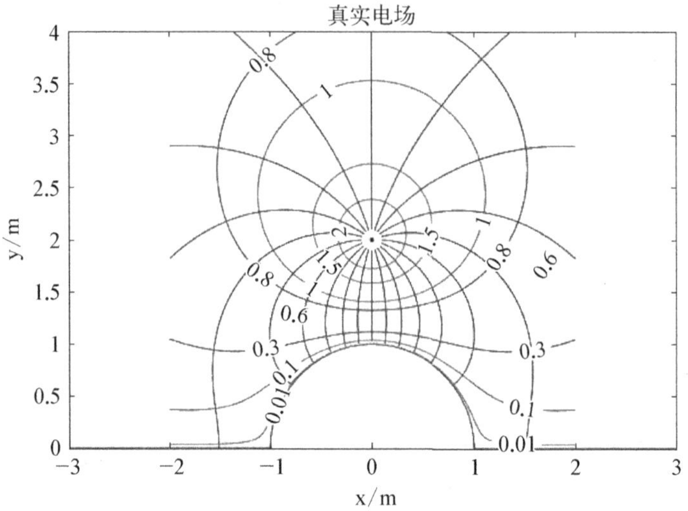

图 3.3.5　孤立线电荷(即自由线电荷)及其镜像电荷产生电势的叠加

Toolbox 时都会感到非常方便，只要 PDE 定解问题的提法正确，那么，启动 MATLAB 后，在 MATLAB 工作空间的命令行中输入“pdetool”，系统立即产生 PDE Toolbox 的图形用户界面，即 PDE 解的图形环境，这时就可以在它上面完成画出定解区域、设置方程和边界条件、作网格剖分、求解、作图等工作。

对于如图 3.3.1 所示的一根孤立线电荷及带有半圆柱凸起的接地导体平板系统，若线电荷用半径 0.02R 的圆柱体代替，这样在所求场域内体电荷密度 $\rho=0$，故可得到拉普拉斯方程：$\nabla^2\varphi=0$。

根据实际情况设定好场域的边界条件，再采用 PDE Toolbox 求解上述二维偏微分方程，就可以绘制出计算场域内的电位等值线和电场矢量分布图。PDE Toolbox 中规定的三类边界条件如下。

① 第一类边值条件：也称为狄里克雷(Dirichlet)条件，直接描述物理系统边界上的物理量，例如给定边界处的电位值；

② 第二类边值条件：也称为冯・诺依曼(Neumann)条件，描述物理系统边界上物理量垂直边界的导数的情况，例如使等位线垂直于边界；

③ 第三类边值条件：物理系统边界上物理量与垂直边界导数的线性组合，即混合边界条件。

Dirichlet 边界条件：$hu=r$；Neumann 边界条件：$\boldsymbol{n}(c\nabla u)+qu=g$，其中 $\boldsymbol{n}$ 是边界外法线方向。对图 3.3.1 所示场域进行仿真计算，场域下边界(即半圆柱凸起及接地导体平板)及线电荷圆柱体外边界应满足如下的狄里克雷条件：

$u\,|_{\text{半圆柱凸起、接地导体平板}}=0$，即 $h=1, r=0$；$u\,|_{\text{线电荷圆柱}}=100$，即 $h=1, r=100$。

由图 3.3.5 可见，场域左边界、右边界和上边界近似满足冯・诺依曼条件，即 $g=0$，

$q=0$。

采用PDE Toolbox仿真时，首先需要在MATLAB命令窗口中输入命令“pdetool”，打开PDE图形用户界面，然后具体的菜单操作步骤如下。

① 网格设置。

选择菜单Options下的Grid和Grid Spacing...选项，取消选择x轴的Auto选项，设置改为[−1.5：0.2：1.5]，保留y轴的默认设置Auto。

② 区域设置。

选择菜单Draw下的Rectangle/Square选项画矩形R1，由于R1为计算场域外框，故R1尽量画得大一些，要接近x、y坐标轴的满刻度，即(−1.46，−0.97，2.93，1.95)。选择菜单Draw下的Ellipse/Circle选项画圆形C1(0.00，−0.93，0.15)代表半圆柱凸起，画圆形C2(0.00，−0.50，0.02)表示线电荷圆柱体外边界，最后将Set formula文本框内容改成“R1 - C1 - C2”表示场域计算公式。

③ 应用模式的选择。

将工具条内的输入框改成Electrostatics，以选择静电学应用模式。

④ 输入边界条件。

进入Boundary Mode，双击各个边界输入以下条件：在圆C2边界(上、下、左、右4个边界)输入狄里克雷条件$h=1$，$r=100$；在矩形R1的上、左、右边界分别输入冯·诺依曼条件$g=0$，$q=0$。其余为默认边界条件：圆C1边界(左、上左、右、上右4个边界)为狄里克雷条件$h=1$，$r=0$；矩形R1下边界(左、右2个边界)为狄里克雷条件$h=1$，$r=0$。

⑤ 方程参数设定。

打开PDE Specification对话框，设介电常数epsilion为1，体密度rho为0。

⑥ 网格剖分。

选择菜单Initialize Mesh剖分网格，再选择两次Refine Mesh和jiggle Mesh加密网格。

⑦ 图形解显示参数的设定。

单击菜单Plot下的参数，在对话框中选择Color、Contour和Arrow三项，其余保留默认值：Contour plot levels中等位线的条数为20，Colormap中色图为cool。单击Plot按钮，画出电位的等位线和电场矢量分布图如图3.3.6所示。

为了分析场域内的电位电场分布，最简单的方法就是利用MATLAB的PDE Toolbox进行数值计算，只要在PDE图形用户界面按条件和步骤操作即可。该方法可以直观、快速、准确、形象地实现偏微分方程的求解，绘制等位线和电场矢量分布图，直观地表示电位电场在空间的分布情况。最后，通过选择File菜单下的Export Image...选项可以将图像输出为.BMP格式，选择File菜单下的Save As选项可以将程序输出为shiyan3_pdetool.m文件。

输出的MATLAB仿真程序shiyan3_pdetool.m如下：

```
% This script is written and read by pdetool and should NOT be edited.
```

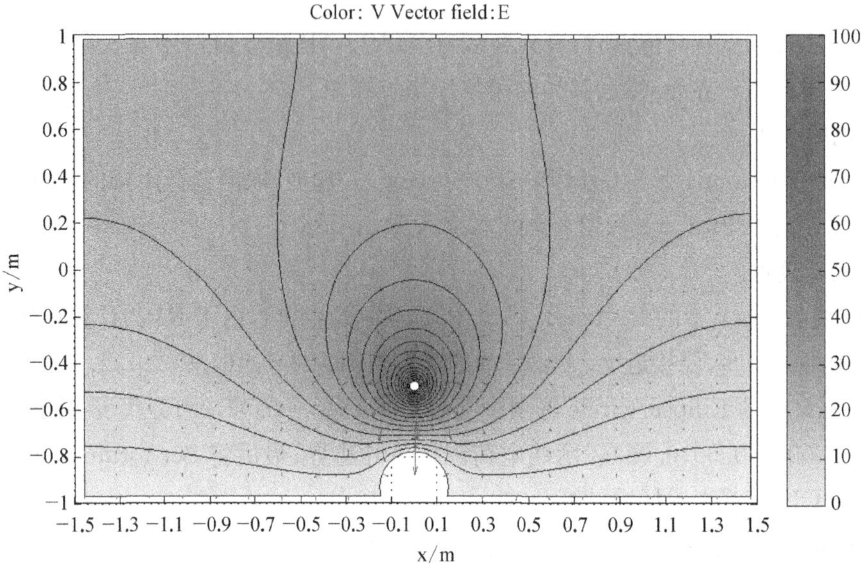

图 3.3.6 等电位和电场矢量分布图

```
% There are two recommended alternatives:
% 1) Export the required variables from pdetool and create a MATLAB script
%    to perform operations on these.
% 2) Define the problem completely using a MATLAB script. See
%    http://www.mathworks.com/help/pde/examples/index.html for examples
%    of this approach.
   function pdemodel
   [pde_fig,ax] = pdeinit;
   pdetool('appl_cb',5);
   set(ax,'DataAspectRatio',[1 1 1]);
   set(ax,'PlotBoxAspectRatio',[1.5 1 1]);
   set(ax,'XLim',[-1.5 1.5]);
   set(ax,'YLim',[-1 1]);
   set(ax,'XTick',[ -1.5,...
     -1.3,...
     -1.1000000000000001,...
     -0.89999999999999991,...
     -0.69999999999999996,...
     -0.5,...
     -0.29999999999999982,...
```

```
  -0.099999999999999867,...
  0.099999999999999867,...
  0.29999999999999982,...
  0.5,...
  0.69999999999999996,...
  0.89999999999999991,...
  1.1000000000000001,...
  1.3,...
  1.5,...
]);
set(ax,'YTickMode','auto');
pdetool('gridon','on');

% Geometry description:
pderect([1.4700000000000002 -1.46 -0.96999999999999997 0.97999999999999998],
'R1');
pdecirc(0,-0.93055555555555536,0.14999999999999999,'C1');
pdecirc(-0,-0.5,0.020000000000000004,'C2');
set(findobj(get(pde_fig,'Children'),'Tag','PDEEval'),'String','R1-C1-C2')

% Boundary conditions:
pdetool('changemode',0)
pdesetbd(13,...
'dir',...
1,...
'1',...
'100')
pdesetbd(12,...
'dir',...
1,...
'1',...
'100')
pdesetbd(11,...
'dir',...
1,...
```

```
'1',...
'100')
pdesetbd(10,...
'dir',...
1,...
'1',...
'100')
pdesetbd(9,...
'dir',...
1,...
'1',...
'0')
pdesetbd(8,...
'dir',...
1,...
'1',...
'0')
pdesetbd(7,...
'dir',...
1,...
'1',...
'0')
pdesetbd(6,...
'dir',...
1,...
'1',...
'0')
pdesetbd(5,...
'dir',...
1,...
'1',...
'0')
pdesetbd(4,...
'dir',...
1,...
```

```
    '1',...
    '0')
    pdesetbd(3,...
    'neu',...
    1,...
    '0',...
    '0')
    pdesetbd(2,...
    'neu',...
    1,...
    '0',...
    '0')
    pdesetbd(1,...
    'neu',...
    1,...
    '0',...
    '0')

% Mesh generation:
    setappdata(pde_fig,'Hgrad',1.3);
    setappdata(pde_fig,'refinemethod','regular');
    setappdata(pde_fig,'jiggle',char('on','mean',''));
    setappdata(pde_fig,'MesherVersion','preR2013a');
    pdetool('initmesh')
    pdetool('refine')
    pdetool('jiggle')
    pdetool('refine')
    pdetool('jiggle')

% PDE coefficients:
    pdeseteq(1,...
    '1.0',...
    '0.0',...
    '0',...
    '1.0',...
```

```
    '0:10',...
    '0.0',...
    '0.0',...
    '[0 100]')
    setappdata(pde_fig,'currparam',...
    ['1.0';...
    '0'])

% Solve parameters:
    setappdata(pde_fig,'solveparam',...
    char('0','16848','10','pdeadworst',...
    '0.5','longest','0','1E-4','','fixed','Inf'))

% Plotflags and user data strings:
    setappdata(pde_fig,'plotflags',[1 1 1 1 1 1 1 1 0 0 0 1 1 1 0 1 0 1]);
    setappdata(pde_fig,'colstring','');
    setappdata(pde_fig,'arrowstring','');
    setappdata(pde_fig,'deformstring','');
    setappdata(pde_fig,'heightstring','');

% Solve PDE:
    pdetool('solve')
```

2) 静电除尘实验装置空心圆柱体结构电场仿真

静电除尘实验装置空心圆柱体如图 3.3.7 所示,空心圆柱体的中心轴线是 1 根 ϕ1 mm、长 480 mm 的金属电晕线,圆柱体外壁是 ϕ110 mm、长 380 mm 的金属网线筒,金属网线筒接地,金属电晕线与金属网线筒之间施加直流高电压 15 kV。使用“镜像法”仿真轴对称场,镜像电荷可仅使用线电荷,也可使用线电荷和环电荷的组合。镜像线电荷 q_0 和镜像线电荷 $q_1 \sim q_8$ 的布置如图 3.3.8 所示,当仅使用线电荷时,可以在电晕线轴心上均匀布置 1 根镜像线电荷 $q_0[q_0 = l\tau/(4\pi\varepsilon_0)]$,以模拟电晕线表面感应的自由线电荷,在金属网线筒外部距轴心 110 mm 处均匀布置 8 根镜像线电荷 $[q_1 = q_2 = q_3 = q_4 = q_5 = q_6 = q_7 = q_8 = -0.125 l\tau/(4\pi\varepsilon_0)]$①,以模拟金属网线筒上感应的自由电荷,根据拉普拉斯

① 此处系数 0.125 即 1/8,是考虑到镜像线电荷正负电荷总量为 0 计算出来的,若各个镜像线电荷的长度 l 相等,电荷 q_0 的线电荷密度为 $-\tau$,那么电荷 $q_1 \sim q_8$ 每个的线电荷密度应为 $\tau/8$ 即 0.125τ。若各个镜像线电荷的长度 l 不相等,例如,线电荷 q_0 的长度为 480 mm,线电荷 $q_1 \sim q_8$ 的长度为 380 mm,那么,该系数就是 $0.125 \times 480/380 = 0.1579$。

方程解的唯一性，只要这些镜像线电荷形成的场域边界条件与实际情况一样，即这些电荷可使得金属电晕线上的电位为 15 kV，金属网线筒上的电位为零，此时，场域内的电位和电场分布就可以使用这些镜像线电荷 q_0 和 $q_{1\sim}q_8$ 的电位和电场的叠加来求解。当使用线电荷和环电荷的组合时，线电荷 q_0 的布置位置不变，但需要改变电荷 $q_{1\sim}q_8$ 的类型及布置位置，即需要将图 3.3.8 中的镜像线电荷 $q_{1\sim}q_8$ 换成如图 3.3.9 所示的镜像环电荷 $q_{1\sim}q_8$。

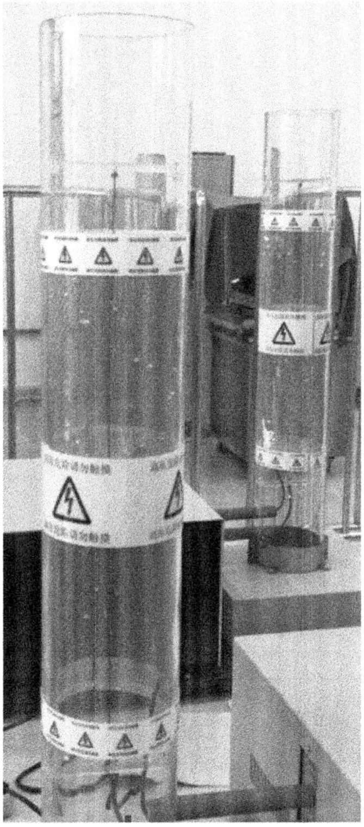

图 3.3.7 静电除尘实验装置空心圆柱体

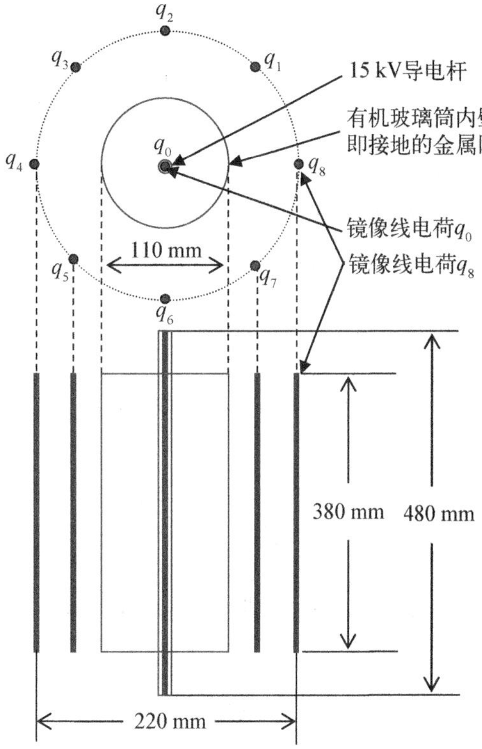

图 3.3.8 镜像线电荷 q_0 和镜像线电荷 q_1～q_8 的布置

(1) 电位计算公式推导。

① 有限长线电荷。

长度为 l 平行于 z 轴的线电荷如图 3.3.10 所示。一长为 l 的线电荷 τ 平行于 z 轴，其两端点的坐标分别为(θ_0, ρ_0, z_0')与(θ_0, ρ_0, z_1')，当选取无限远为零电位参考点时，在场点 $A(\theta, \rho, z)$处产生的电位为

$$\phi = \int_{z_0'}^{z_l'} \frac{\tau}{4\pi\varepsilon_0 r} \mathrm{d}z' = \frac{\tau}{4\pi\varepsilon_0} \int_{z_0'}^{z_l'} \frac{\mathrm{d}z'}{\sqrt{\rho^2 + \rho_0^2 - 2\rho\rho_0 \cos(\theta_0 - \theta) + (z - z')^2}} \tag{3.3.12}$$

对式(3.3.12)进行积分，可得

$$\phi = \frac{\tau}{4\pi\varepsilon_0}\ln\frac{(z - z'_0) + \alpha_1}{(z - z'_l) + \beta_1} \tag{3.3.13}$$

式中，$\tau = Q/l$，$\alpha_1 = \sqrt{\rho^2 + \rho_0^2 - 2\rho\rho_0\cos(\theta_0 - \theta) + (z - z'_0)^2}$，

$\beta_1 = \sqrt{\rho^2 + \rho_0^2 - 2\rho\rho_0\cos(\theta_0 - \theta) + (z - z'_l)^2}$。

当选取 $\rho = 55$ mm 为零电位参考点时，式(3.3.13)需要增加一个积分常数 C，C 为无穷远处电位：

$$\phi = \frac{\tau}{4\pi\varepsilon_0}\ln\frac{(z - z'_0) + \alpha_1}{(z - z'_l) + \beta_1} + C \tag{3.3.14}$$

② 环电荷。

轴线与 z 轴重合环形线电荷如图 3.3.11 所示。圆环中心的坐标为$(0, z')$，带有电量为 q，半径为 R 的圆环形线电荷。当参考点选在无限远处时，圆环在场点 $A(\rho, z)$处产生的电位为

$$\phi = \int_0^{2\pi}\frac{q/2\pi}{4\pi\varepsilon_0 r}\mathrm{d}\omega = \int_0^{2\pi}\frac{q/2\pi}{4\pi\varepsilon_0\sqrt{\rho^2 + R^2 - 2\rho R\cos\omega + (z - z')^2}}\mathrm{d}\omega \tag{3.3.15}$$

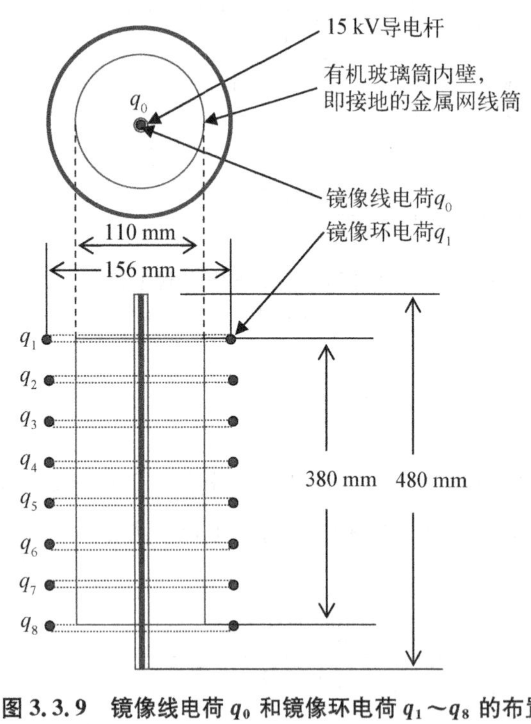

图 3.3.9　镜像线电荷 q_0 和镜像环电荷 $q_1 \sim q_8$ 的布置

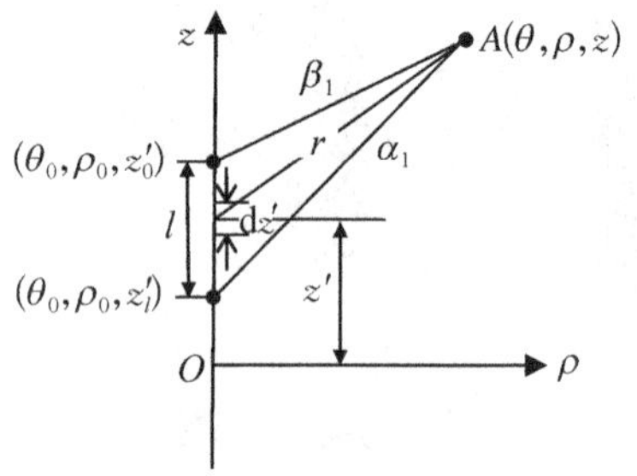

图 3.3.10　长度为 l 平行于 z 轴的线电荷

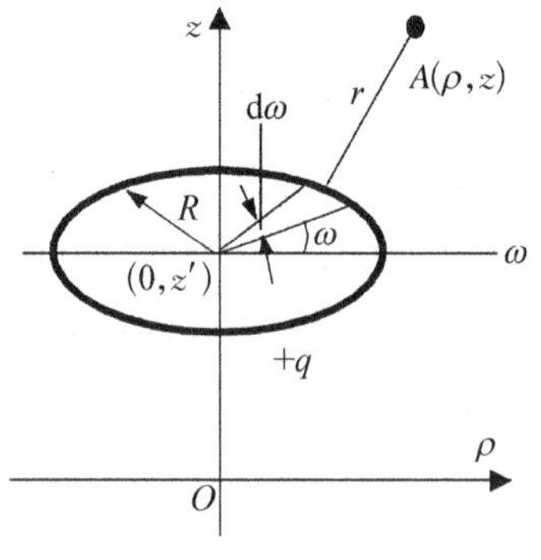

图 3.3.11　轴线与 z 轴重合环形线电荷

对式(3.3.15)进行积分，可得

$$\phi = \frac{q}{2\pi^2 \varepsilon_0 \alpha} K(k) \tag{3.3.16}$$

式中，$\alpha = \sqrt{(\rho + R)^2 + (z - z')^2}$；当 $k < 1$ 时，$K(k)$ 为第一类完全椭圆积分，$K(k) = \int_0^{\frac{\pi}{2}} \frac{1}{\sqrt{1 - k^2 \sin^2\theta}} \mathrm{d}\theta$，其中 $k = 2\sqrt{\rho R} / \alpha$。

(2) 空心圆柱体电场 MATLAB 仿真程序。

将下述程序存成文件名 shiyan3_line_charge2.m，将其复制到 MATLAB 搜索目录下，然后在 MATLAB 命令行窗口输入“shiyan3_line_charge2”并按“ENTER”键，即可获得仿真结果。

空心圆柱体电场的 MATLAB 仿真程序如下：

```
%静电除尘实验装置空心圆柱体电场计算的源程序 shiyan3_line_charge2.m
%1)在垂直于 Z 轴的截面(即 xOy 平面)上画出等位线
clc;                        %清空工作区
syms x y;                   %定义 x,y 为符号变量

%本电场仿真一共布置了 9 根镜像线电荷，即 q0 和 q1～q8。q0 位于 z 轴，长 l0 = 480mm，
%q1～q8 等角度均匀布置在 rho0 = 110mm 的圆周上，长 l = 380mm。
%对于 q0，设其电荷量 Q = 480 * 1.4 * (4 * pi * epslon0)，故 q = Q/l0/(4 * pi *
epslon0) = 1.4。
%q 即线电荷 q0 的线密度 tau/(4 * pi * epslon0)。所有镜像线电荷的电荷量加起来为 0,
%即 sum(q1～q8)电荷总量 = -Q，按 q1～q8 平均分配电荷量计算，
%故 q1～q8 各个电荷的 q' = -Q/8/l/(4 * pi * epslon0) = -[480 * 1.4 * (4 * pi *
epslon0)]
%/8/380/(4 * pi * epslon0) = -(480/380/8) * 1.4 = -0.1579 * 1.4，即 q' = -0.1579
* q,
%q'为每个镜像线电荷 q1～q8 的电荷线密度 tau'/(4 * pi * epslon0)

zpie0 = -190;               %见图 3.3.8,8 个镜像线电荷 q1～q8 低端 z 坐标
zpiel = 190;                %见图 3.3.8,8 个镜像线电荷 q1～q8 高端 z 坐标
q  = 1.4;                   %该 1.4 是一个经验值，取值不同，等位线分布也不同
qpie  = -q * 0.1579;        %该 1.579 是根据正负电荷总量 = 0 计算出来的一个系数
rho0 = 110;                 %8 个镜像线电荷 q1～q8 的柱坐标为
                            %(1 * pi/4,rho0),(2 * pi/4,rho0),...,(8 * pi/4,rho0)
z = 0; %二维笛卡尔坐标系的计算场域(x,y)为通过 P(x,y,z)点且垂直于 z 轴的截面(即
```

```
xOy 平面)

%下面为均匀分布在半径 = 110mm 的圆周上的 8 个镜像线电荷 0.1579 * q(q = tau/(4 *
pi * epslon0))的电势 u11～u88
x1 = rho0 * cos(1 * pi/4);
y1 = rho0 * sin(1 * pi/4);
alpha_1 = sqrt((x - x1)^2 + (y - y1)^2 + (z - zpie0)^2);
beta_1 = sqrt((x - x1)^2 + (y - y1)^2 + (z - zpiel)^2);
u11 = qpie * log(((z - zpie0 + alpha_1)/(z - zpiel + beta_1)));

x2 = rho0 * cos(2 * pi/4);
y2 = rho0 * sin(2 * pi/4);
alpha_2 = sqrt((x - x2)^2 + (y - y2)^2 + (z - zpie0)^2);
beta_2 = sqrt((x - x2)^2 + (y - y2)^2 + (z - zpiel)^2);
u22 = qpie * log(((z - zpie0 + alpha_2)/(z - zpiel + beta_2)));

x3 = rho0 * cos(3 * pi/4);
y3 = rho0 * sin(3 * pi/4);
alpha_3 = sqrt((x - x3)^2 + (y - y3)^2 + (z - zpie0)^2);
beta_3 = sqrt((x - x3)^2 + (y - y3)^2 + (z - zpiel)^2);
u33 = qpie * log(((z - zpie0 + alpha_3)/(z - zpiel + beta_3)));

x4 = rho0 * cos(4 * pi/4);
y4 = rho0 * sin(4 * pi/4);
alpha_4 = sqrt((x - x4)^2 + (y - y4)^2 + (z - zpie0)^2);
beta_4 = sqrt((x - x4)^2 + (y - y4)^2 + (z - zpiel)^2);
u44 = qpie * log(((z - zpie0 + alpha_4)/(z - zpiel + beta_4)));

x5 = rho0 * cos(5 * pi/4);
y5 = rho0 * sin(5 * pi/4);
alpha_5 = sqrt((x - x5)^2 + (y - y5)^2 + (z - zpie0)^2);
beta_5 = sqrt((x - x5)^2 + (y - y5)^2 + (z - zpiel)^2);
u55 = qpie * log(((z - zpie0 + alpha_5)/(z - zpiel + beta_5)));

x6 = rho0 * cos(6 * pi/4);
```

```
y6 = rho0 * sin(6 * pi/4);
alpha_6 = sqrt((x - x6)^2 + (y - y6)^2 + (z - zpie0)^2);
beta_6 = sqrt((x - x6)^2 + (y - y6)^2 + (z - zpiel)^2);
u66 = qpie * log(((z - zpie0 + alpha_6)/(z - zpiel + beta_6)));

x7 = rho0 * cos(7 * pi/4);
y7 = rho0 * sin(7 * pi/4);
alpha_7 = sqrt((x - x7)^2 + (y - y7)^2 + (z - zpie0)^2);
beta_7 = sqrt((x - x7)^2 + (y - y7)^2 + (z - zpiel)^2);
u77 = qpie * log(((z - zpie0 + alpha_7)/(z - zpiel + beta_7)));

x8 = rho0 * cos(8 * pi/4);
y8 = rho0 * sin(8 * pi/4);
alpha_8 = sqrt((x - x8)^2 + (y - y8)^2 + (z - zpie0)^2);
beta_8 = sqrt((x - x8)^2 + (y - y8)^2 + (z - zpiel)^2);
u88 = qpie * log(((z - zpie0 + alpha_8)/(z - zpiel + beta_8)));

%位于轴心的镜像线电荷 - q(q0 = - tau/(4 * pi * epslon))的电势 u00
zpie00 = - 240;
zpiell = 240;
x0 = 0;
y0 = 0;
alpha_0 = sqrt(x^2 + y^2 + (z - zpie00)^2);
beta_0 = sqrt(x^2 + y^2 + (z - zpiell)^2);
u00 = q * log(((z - zpie00 + alpha_0)/(z - zpiell + beta_0)));

figure (1)                    %第 1 个绘图窗

% P(x,y,z)点的电势为 u00 + u11 + u22 + u33 + u44 + u55 + u66 + u77 + u88 + C,积分常数
C 为无穷远处电位,ezplot 画出电位 m = - 5kV～15kV 的等位线,场域范围 Xmin～Xmax
为 - 150～150,Ymin～Ymax 为 - 150～150

for m = - 5:0.2:15
ezplot(u00 + u11 + u22 + u33 + u44 + u55 + u66 + u77 + u88 - 1.57 - m,[ - 150,150,
 - 150,150]);
```

```
hold on;
end

% 在场域(x,y)上画出 9 个点,以代表位于轴心的 1 个镜像线电荷及半径 = 110mm 圆周上的 8 个像线电荷
plot(x0,y0,'.')
plot(x1,y1,'.')
plot(x2,y2,'.')
plot(x3,y3,'.')
plot(x4,y4,'.')
plot(x5,y5,'.')
plot(x6,y6,'.')
plot(x7,y7,'.')
plot(x8,y8,'.')
hold on
% 在场域(x,y)上画出两个圆圈,以代表导电杆和接地的金属网筒
tt = 0:pi/10:2 * pi;
plot(1 * exp(i * tt),'r')
plot(55 * exp(i * tt),'r')
xlabel('x/m');
ylabel('y/m');
title('垂直于 z 轴截面上的等位线');

% 2) 画电位的三维曲面,并在平行于 z 轴的截面(即 xOz 平面)上画出等位线
clc;                        % 清空工作区
X = 0.1:5:150;              % x 的范围大小
Z = -350:10:350;            % z 的范围大小
[rho,z] = meshgrid(X,Z);    % 建立数据网格
zpie0 = -190;               % 8 个镜像线电荷 q1～q8 低端 z 坐标
zpiel = 190;                % 8 个镜像线电荷 q1～q8 高端 z 坐标

q = 1.4;
qpie = -q * 0.1579;
rho0 = 110;                 % 8 个镜像线电荷 q1～q8 的柱坐标为
                            % (1 * pi/4,rho0),(2 * pi/4,rho0),...,(8 * pi/4,rho0)
```

```
theta = 0;                  % 二维柱坐标系的计算场域(rho,z)为通过
                            % P(zheta,rho,z)点且平行于 z 轴的截面(即 xOz 平面)

% 下面为均匀分布在半径 = 110mm 的圆周上的 8 个镜像线电荷 qpie 的电势 u1～u8
alpha1 = sqrt(rho.^2 + rho0^2 - 2 * rho0 * rho. * cos(1 * pi/4 - theta) + (z - zpie0).
^2);
beta1 = sqrt(rho.^2 + rho0^2 - 2 * rho0 * rho. * cos(1 * pi/4 - theta) + (z - zpiel).
^2);
u1 = qpie * log(((z - zpie0 + alpha1)./(z - zpiel + beta1)));

alpha1 = sqrt(rho.^2 + rho0^2 - 2 * rho0 * rho. * cos(2 * pi/4 - theta) + (z - zpie0).
^2);
beta1 = sqrt(rho.^2 + rho0^2 - 2 * rho0 * rho. * cos(2 * pi/4 - theta) + (z - zpiel).
^2);
u2 = qpie * log(((z - zpie0 + alpha1)./(z - zpiel + beta1)));

alpha1 = sqrt(rho.^2 + rho0^2 - 2 * rho0 * rho. * cos(3 * pi/4 - theta) + (z - zpie0).
^2);
beta1 = sqrt(rho.^2 + rho0^2 - 2 * rho0 * rho. * cos(3 * pi/4 - theta) + (z - zpiel).
^2);
u3 = qpie * log(((z - zpie0 + alpha1)./(z - zpiel + beta1)));

alpha1 = sqrt(rho.^2 + rho0^2 - 2 * rho0 * rho. * cos(4 * pi/4 - theta) + (z - zpie0).
^2);
beta1 = sqrt(rho.^2 + rho0^2 - 2 * rho0 * rho. * cos(4 * pi/4 - theta) + (z - zpiel).
^2);
u4 = qpie * log(((z - zpie0 + alpha1)./(z - zpiel + beta1)));

alpha1 = sqrt(rho.^2 + rho0^2 - 2 * rho0 * rho. * cos(5 * pi/4 - theta) + (z - zpie0).
^2);
beta1 = sqrt(rho.^2 + rho0^2 - 2 * rho0 * rho. * cos(5 * pi/4 - theta) + (z - zpiel).
^2);
u5 = qpie * log(((z - zpie0 + alpha1)./(z - zpiel + beta1)));

alpha1 = sqrt(rho.^2 + rho0^2 - 2 * rho0 * rho. * cos(6 * pi/4 - theta) + (z - zpie0).
```

```
^2);
beta1 = sqrt(rho.^2 + rho0^2 - 2 * rho0 * rho. * cos(6 * pi/4 - theta) + (z - zpiel).
^2);
u6 = qpie * log(((z - zpie0 + alpha1)./(z - zpiel + beta1)));

alpha1 = sqrt(rho.^2 + rho0^2 - 2 * rho0 * rho. * cos(7 * pi/4 - theta) + (z - zpie0).
^2);
beta1 = sqrt(rho.^2 + rho0^2 - 2 * rho0 * rho. * cos(7 * pi/4 - theta) + (z - zpiel).
^2);
u7 = qpie * log(((z - zpie0 + alpha1)./(z - zpiel + beta1)));

alpha1 = sqrt(rho.^2 + rho0^2 - 2 * rho0 * rho. * cos(8 * pi/4 - theta) + (z - zpie0).
^2);
beta1 = sqrt(rho.^2 + rho0^2 - 2 * rho0 * rho. * cos(8 * pi/4 - theta) + (z - zpiel).
^2);
u8 = qpie * log(((z - zpie0 + alpha1)./(z - zpiel + beta1)));

% 位于轴心的镜像线电荷 - q(q0 = - tau/(4 * pi * epslon))的电势 u0
zpie0 = - 240;              % 位于轴心的镜像线电荷 q0 低端 z 坐标
zpiel = 240;                % 位于轴心的镜像线电荷 q0 高端 z 坐标
alpha0 = sqrt(rho.^2 + (z - zpie0).^2);
beta0 = sqrt(rho.^2 + + (z - zpiel).^2);
u0 = q * log(((z - zpie0 + alpha0)./(z - zpiel + beta0)));

% P(zheta,rho,z)点的电势 u9 = u0 + u1 + u2 + u3 + u4 + u5 + u6 + u7 + u8 + C,积分常数 C
为无穷远处电位,通过 C 取不同的值反复进行仿真计算,使 0 等电位线接近接地的金属网
筒,知 C = - 1.57
u9 = u0 + u1 + u2 + u3 + u4 + u5 + u6 + u7 + u8 - 1.57;

figure (2);                                     % 第 2 个绘图窗
surf(rho,z,u9);                                 % 三维曲面绘图
xlabel('ρ'),ylabel('z'),zlabel('u/kV');         % x,y,z 轴的说明

figure (3);                                     % 第 3 个绘图窗
[c,h] = contour(rho,z,u9,[-5:0.5:3,[4,5,7,11,15]]);    % 场域(rho, z)等位线
```

```
                                                      绘制
hold on %前面绘的图保持不变,再绘图时将在原图上做叠加
set(h,'ShowText','on','TextStep',get(h,'LevelStep')*2);  %等位线上加上电位数字
[er,ez] = gradient(-u9);                              %电场等于电位求梯度
quiver(rho,z,er,ez,1); %以箭头方式绘制柱坐标场域(rho,z)内的电场分布
hold on
%在场域(rho,z)上画出两条直线,以代表导电杆和接地的金属网筒
xx = 0.1;
zz = -240:1:240;
plot(xx,zz,'-r.')
hold on
xx = 55;
zz = -190:1:190;
plot(xx,zz,'-r.')
xlabel('ρ/mm');
ylabel('z/mm');
```

程序运行后可得 figure(1)、figure(2)、figure(3),运行结果如图 3.3.12、图 3.3.13、图 3.3.14 所示。

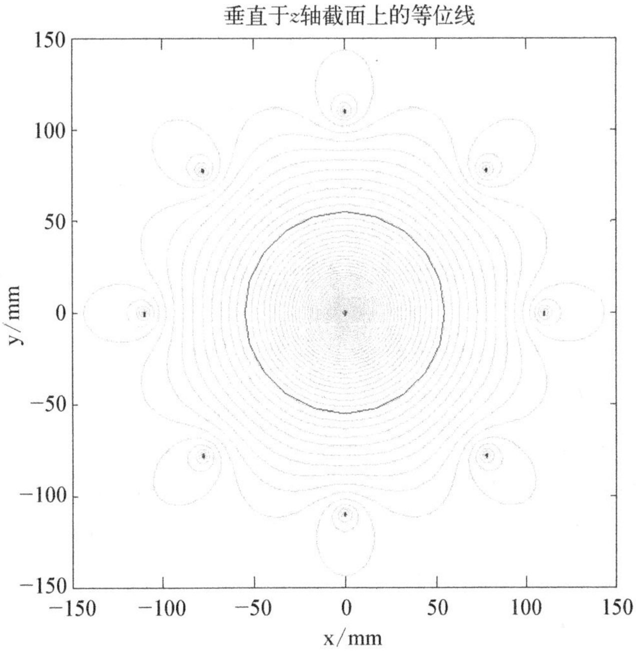

图 3.3.12　静电除尘实验装置中的圆柱体场域(x,y)的等势线分布图

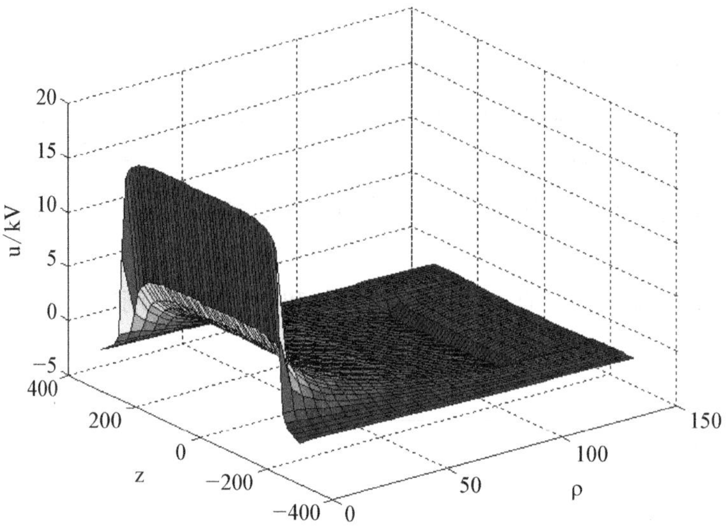

图 3.3.13 静电除尘实验装置中的圆柱体内场域(ρ,z)的电位 u 分布图

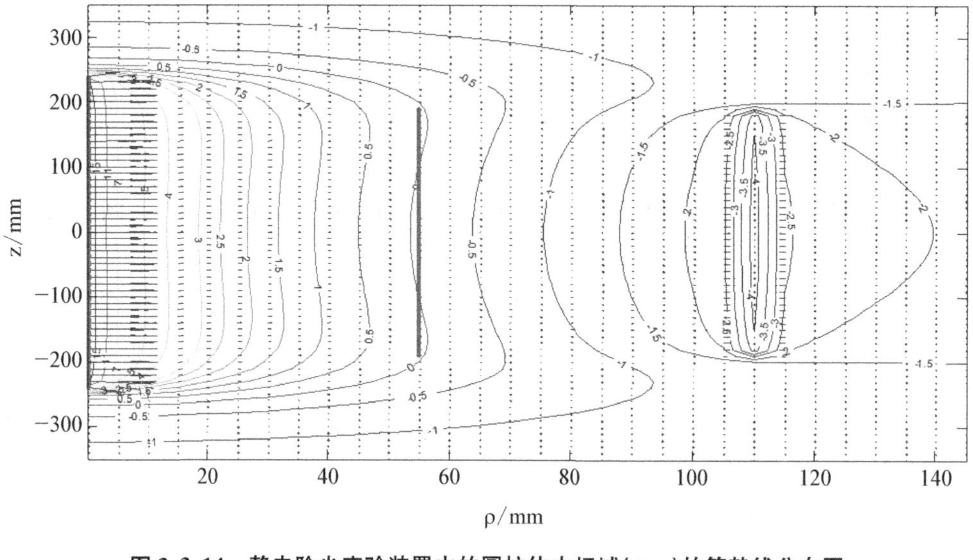

图 3.3.14 静电除尘实验装置中的圆柱体内场域(ρ,z)的等势线分布图

由图 3.3.14 可以看出,静电除尘实验装置圆柱体内的真实电势可由几个假想线电荷的电势叠加而成。

3) 静电除尘器工作原理

静电除尘器采用电晕放电原理产生离子并使粉尘荷电,在电场的作用下将带电粉尘从烟气中分离出来并吸附,利用定期振打(干式除尘器)或连续冲洗(湿式除尘器)的方式将其收集去除,从而达到除尘的目的。

(1) 静电除尘器结构介绍。

① 极板分类。

静电除尘器按照收尘极的形式可分为管型(立式)和线板型结构(卧式),管型和线板型除尘器结构示意图如图 3.3.15 所示。

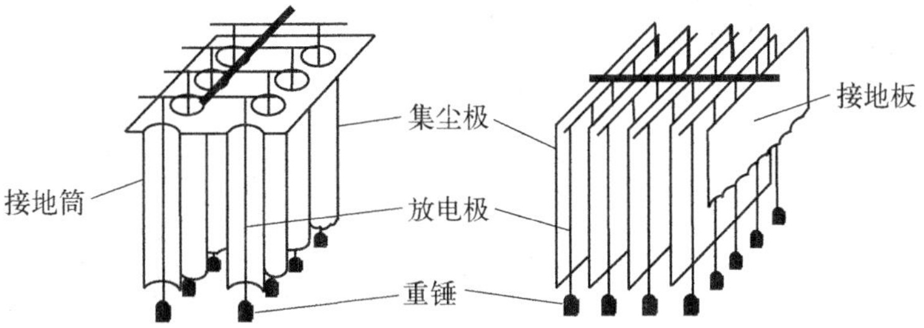

图 3.3.15　管型和线板型除尘器结构示意图(电晕线为重锤悬吊式)

管型结构的集尘极一般为圆形金属筒,筒的直径为 150～300 mm,长度为 2～5 m,通常采用多个圆筒并列的结构,在各圆筒之间均布电晕线。管型静电除尘器适用于气体流量较小的情况,一般采用湿式除尘方式。线板型静电除尘器一般采用平行钢板作为集尘极,极板之间均布电晕线。

② 放电极分类。

静电除尘器电场中的放电极采用的电晕线形式很多,目前常用的有光圆线、星形线、螺旋线、芒刺线、锯齿线、麻花线等。它们的共同特点是电极表面曲率半径极小,放电时会产生不均匀的强电场使气体发生电离,形成电晕放电现象。电晕线的固定方式有两种:一种是每根电晕线的下端用重锤拉紧电晕线即重锤悬吊式,另一种是多根电晕线按一定的间距固定在框架上即管框绷线式。

③ 整体结构分类。

按照电极的布置方式可分为单区式和双区式。对于单区式结构,微粒物的荷电与迁移、捕集在同一区域进行;对于双区式结构,微粒物荷电、迁移与捕集分两个区域完成,第一个区域内微粒获得电荷,第二个区域内荷电粉尘被捕集。大型静电除尘器主要采用负电晕放电,这是由于负电晕放电较稳定,且产生的离子浓度较高。采用负电晕放电设备的极板距离一般为 0.2～0.4 m,电压在 50～110 kV 范围内。而用于室内空气净化的小型除尘器通常采用正电晕放电,这是由于正电晕产生的臭氧浓度较低,较适于室内环境应用。

(2) 静电除尘器工作过程。

静电除尘器工作的主要过程可分为:电晕气体放电、粉尘荷电、荷电粉尘的运动和捕集、被捕集粉尘的清除四个基本过程。

① 电晕气体放电。

静电除尘器工作过程如图 3.3.16 所示,在大气压或高于大气压的条件下,以负电晕为例,电晕线电极 1 接高压直流供电装置 6 的负电极,集尘极 5 接大地和正电极,1、5 两极之间形成不均匀高压电场。由于电晕线电极表面曲率半径很小,电极表面附近区域电场

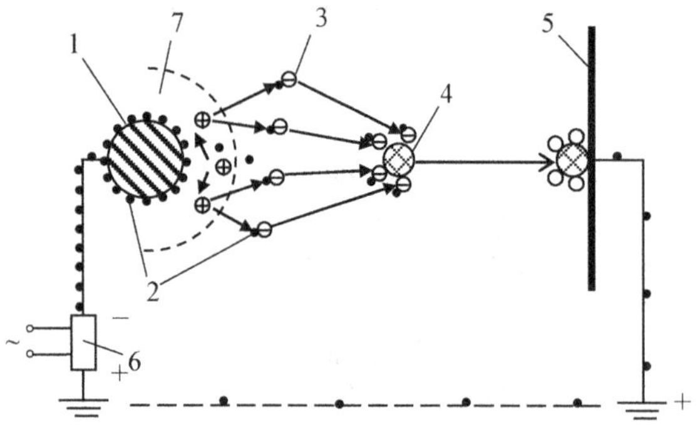

1—电晕线电极；2—电子；3—离子；4—粒子；5—集尘极；6—高压直流供电装置；7—电晕层

图 3.3.16 静电除尘器工作过程示意图

较强，当直流电源电压升高到一定数值时，电晕线表面将发生电晕放电，产生一层很薄的发光的电晕层 7，层内电场很强，其结果便是使气体发生电离和激发，产生电子和正负离子。根据异性相吸的原则，正离子将向距离较近的负电极运动，同时，电子和负离子将向接地极的集尘极运动，进而在电场力的作用下使粉尘从烟气中脱离出来。

② 粉尘荷电。

粉尘粒子荷电是通过与烟气中带电粒子碰撞实现的，尘粒的碰撞荷电主要有两种机制：一种是气体中带电粒子在电场力作用下与尘粒有规则碰撞产生的碰撞荷电，称为电场荷电；另一种是带电粒子随气体无规则运动与尘粒碰撞产生的碰撞荷电，称为扩散荷电。在静电除尘过程中，这两种机制是同时存在的。烟尘粒径是非均匀的，其大小决定了烟尘微粒的荷电过程，对于粒径 $d>0.5\ \mu\text{m}$ 的微粒，以电场荷电为主；对于 $d<0.2\ \mu\text{m}$ 的微粒，以扩散荷电为主；对于粒径为 $0.2\sim0.5\ \mu\text{m}$ 的粒子，则需要同时考虑这两种过程。烟尘荷电量可由式(3.3.17)计算：

$$q=q_{\mathrm{d}}+q_{\mathrm{k}}=\frac{3\varepsilon_{\mathrm{r}}}{\varepsilon_{\mathrm{r}}+2}\pi\varepsilon_0 d^2E_0+\frac{2\pi\varepsilon_0 dkT}{q_{\mathrm{e}}}\ln\left(1+\frac{q_{\mathrm{e}}^2Nd}{2\varepsilon_0\sqrt{2m\pi kT}}\right) \tag{3.3.17}$$

式中，q_{d} 为尘粒的电场荷电量；q_{k} 为尘粒的扩散荷电量；ε_0 为真空介电常数；ε_{r} 为尘粒的相对介电常数；E_0 为荷电电场的电场强度；d 为尘粒直径；N 为单位体积带电粒子个数；q_{e} 为电子电荷量；k 为波兹曼常数；t 为尘粒进入电场时间；T 为气体热力学温度。

烟尘荷电量进行估算时可忽略 q_{k}，q 的计算公式如下：

$$q\approx 4\pi d^2\varepsilon_0 E_{\mathrm{s}} \tag{3.3.18}$$

式中，E_{s} 为尘粒表面的平均电场。

③ 荷电粉尘的运动和捕集。

荷电粉尘在库仑力的作用下向集尘极运动，经过一段时间后到达集尘极表面，然后放出所带电荷而沉积在集尘极上。这一过程通常是在不足 1 m/s 的低风速条件下进行的，主要依靠电场力的作用使粉尘沉降。在电场力占主导地位的情况下，通常可以忽略重力对带电粒子的影响，即粒子向集尘极运动的速度取决于所受的电场力和黏滞阻力的平衡。

④ 被捕集粉尘的清除。

为了维持除尘器的高效运行，防止粉尘重新进入气流，当集尘极表面上的粉尘达到一定的厚度时，需要用机械振打或者水洗等方法将其清除，使之落入下部的灰斗中。放电极也会附着少量粉尘，隔一定时间也需要进行清理。

4）带电粒子在空心圆柱体电场中的运动轨迹数字仿真

粉尘粒子在电场力的作用下将沿着电场力方向加速，其运动速度越来越大。但随着速度的增加，粒子所受阻力也逐渐加大，根据斯托克斯的研究，球形质点在媒质（如气体）中运动时，所受阻力 F_d 与球的直径 d 和运动速度 v 成正比，可写成

$$F_d = 6\pi\eta d \cdot v \tag{3.3.19}$$

式中，η 为气体的内摩擦系数，即气体的黏度，其值随温度的增加而加大，当温度为0℃时，η 取 1.8×10^{-5} kg/(m^2 · s)。

下面，用 $\boldsymbol{R}=(\rho,z)$ 来表示粒子从原点开始的位置矢量，粒子运动速度 $\mathrm{d}\boldsymbol{R}/\mathrm{d}t=(\mathrm{d}\rho/\mathrm{d}t,\mathrm{d}z/\mathrm{d}t)=(v_\rho,v_z)=\boldsymbol{v}$，故单个球形粉尘粒子的受力微分方程为

$$m\frac{\mathrm{d}^2\boldsymbol{R}}{\mathrm{d}t^2}+6\pi\eta d\frac{\mathrm{d}\boldsymbol{R}}{\mathrm{d}t}=q\boldsymbol{E}(\boldsymbol{R},t)+\boldsymbol{F}_m(\boldsymbol{R})+\boldsymbol{F}_e(\boldsymbol{R},t) \tag{3.3.20}$$

式中，m 为粒子的质量，η 为媒质的黏性系数，q 为粒子的荷电量，$\boldsymbol{E}(\boldsymbol{R},t)$为作用在粒子上的外部电场，$\boldsymbol{F}_m(\boldsymbol{R})$ 为作用在粒子上的重力等电以外的力，$\boldsymbol{F}_e(\boldsymbol{R},t)$为作用在粒子上的梯度力等库仑力以外的电的力。

在非均匀电场中导入中性粒子时，由于极化作用，粒子表面将产生正、负电荷，这些正、负电荷偶极子会受到静电力。对球形粉尘粒子表面偶极子静电力进行积分，可获得梯度力：

$$\boldsymbol{F}_e(\boldsymbol{R},t)=2\pi d^3\varepsilon_1\varepsilon_0\left(\frac{\varepsilon_2-\varepsilon_1}{\varepsilon_2+\varepsilon_1}\right)\nabla\left|\boldsymbol{E}(\boldsymbol{R},t)\right|^2 \tag{3.3.21}$$

式中，ε_1 为粒子的介电常数，ε_2 为周围媒质的介电常数。当 $\varepsilon_1>\varepsilon_2$ 时，粒子将受到向电场强的方向的作用力，反之则受到向电场弱的方向的作用力。

对于粉尘粒子，粒子直径 d 较小，当粒子带电时，由于库仑力 $q\boldsymbol{E}(R,t)$要比梯度力和重力大很多，故式(3.3.20)可以忽略梯度力和重力，而只考虑库仑力。但在静电除尘实验中，使用了直径 d 较大的绝缘泡沫粒子模拟粉尘粒子，此时，式(3.3.20)应考虑库仑力 $q\boldsymbol{E}(\boldsymbol{R},t)$和重力 $\boldsymbol{F}_m(\boldsymbol{R})$，仅忽略梯度力 $\boldsymbol{F}_e(\boldsymbol{R},t)$。下面分别对粉尘粒子和绝缘泡沫粒子在气体媒质和直流除尘电场中的运动轨迹进行分析。

(1) 粉尘粒子在直流除尘电场中的运动轨迹。

忽略梯度力和重力，在直流情况下，式(3.3.20)变为

$$m\frac{\mathrm{d}\boldsymbol{v}}{\mathrm{d}t}+6\pi\eta d\boldsymbol{v}=q\boldsymbol{E}(\boldsymbol{R}) \tag{3.3.22}$$

仅在库仑力作用下，速度方向即库仑力方向，求解式(3.3.22)并写成标量解：

$$v = \frac{qE(\rho, z)}{6\pi\eta d}(1 - e^{-\frac{t}{T'}}) \tag{3.3.23}$$

式中，$T' = m/(6\pi\eta d)$ 为速度变化的时间常数，由于粉尘粒子的尺寸均不大，所以 T' 值是很小的，以粒径为 2 μm 的球形粒子为例，当粒子的密度为 1 g/cm^3 时，有 $T' = 7.7\times 10^{-7}$ s，而粒子荷电后到达集尘极所需的时间要比 T' 大得多，所以在计算时完全可以略去式(3.3.23)中的指数项，即忽略粒子的加速过程，而认为粒子一经荷电便立即达到其稳定速度 v_∞。这一速度也称粒子的驱进速度，即

$$v_\infty = \frac{qE}{6\pi\eta d} \tag{3.3.24}$$

可以看出，粒子的最终驱进速度主要由粒子的荷电量及电场决定。

(2) 绝缘泡沫粒子在空心圆柱体直流电场中的运动轨迹。

忽略梯度力，在直流情况下，式(3.3.20)变为

$$m\frac{\mathrm{d}\boldsymbol{v}(\rho, z)}{\mathrm{d}t} + 6\pi\eta d\boldsymbol{v}(\rho, z) = q\boldsymbol{E}(\rho, z) + \boldsymbol{F}_m \tag{3.3.25}$$

将粒子的运动分解为 z 向和径向(ρ)两个分量，由于重力 $\boldsymbol{F}_m(R)$ 仅有 z 向分量 mg，故式(3.3.25)变为

$$\begin{cases} m\dfrac{\mathrm{d}v_z(\rho, z)}{\mathrm{d}t} + 6\pi\eta d v_z(\rho, z) = qE_z(\rho, z) + mg \\ m\dfrac{\mathrm{d}v_\rho(\rho, z)}{\mathrm{d}t} + 6\pi\eta d v_\rho(\rho, z) = qE_\rho(\rho, z) \end{cases} \tag{3.3.26}$$

在式(3.3.26)中，忽略 z 向库仑力和径向运动空气阻力，即令 $qE_z(\rho, z) = 0, 6\pi\eta d \cdot v_\rho(\rho, z) = 0$，在区间$[0, t]$对式(3.3.26)两边积分可得

$$\begin{cases} v_z(\rho, z) = v_z(\rho, z)\big|_{t=0} - v_{z\infty}(1 - e^{-t/T'}) \\ v_\rho(\rho, z) = v_\rho(\rho, z)\big|_{t=0} + \dfrac{q}{m}\displaystyle\int_0^t E_\rho(\rho, z)\mathrm{d}t \end{cases} \tag{3.3.27}$$

式中，$T' = m/(6\pi\eta d)$，$v_{z\infty} = mg/(6\pi\eta d)$。

静电除尘实验装置中使用的空心圆柱体有机玻璃筒内径 ϕ 为 110 mm，长为 700 mm，在进行静电除尘实验时，将泡沫粒子从有机玻璃筒的上端口中心位置放入。泡沫粒子 $t = t_0$ 时，$\rho = 0, z = 350$ mm，泡沫粒子处于静止状态。随后粒子沿 z 轴反方向做自由落体运动，在初始阶段，粒子速度较低，空气阻力小。随着粒子速度增大，空气阻力变大，粒子速度 v_z 趋于稳定，式(3.3.27)变成 $v_z(\rho, z) = -v_{z\infty}$，所以在后续的计算中可略去式(3.3.27)中的指数项，即认为在区间 $z = 350 \sim -350$ mm 中，粒子近似地以稳定速度 $-v_{z\infty}$ 驱进。

在区间[0,t]对式(3.3.27)两边积分，可得运动轨迹参数方程：

$$\begin{cases} z = z_0 - v_{z\infty} t \\ \rho = \rho_0 + \int_0^t v_\rho(\rho, z)\mid_{t=0} \mathrm{d}t + \int_0^t \int_0^t \dfrac{qE_\rho(\rho, z)}{m} \mathrm{d}t\,\mathrm{d}t \end{cases} \tag{3.3.28}$$

将粒子运动轨迹 z 轴全程（$z = -350 \sim 350$ mm）离散化为70个等长区段，区段端点编号为 $i = 1, 2, \cdots\cdots, 71$，粒子在 z 轴是匀速运动，在各个区段花费的时间 Δt 也相等，故在各个小的区段 Δt 内，电场 $E_\rho(\rho, z)$ 和速度 $v_\rho(\rho, z)$ 都可以按常量来考虑，由式(3.3.28)可得：

$$\begin{cases} z = z_0 - v_{z\infty} t \\ \rho = \rho_0 + v_\rho(\rho, z) t + \dfrac{1}{2} \dfrac{qE_\rho(\rho, z)}{m} t^2 \end{cases} \tag{3.3.29}$$

考虑区段[t_{i-1}, t_i]，由式(3.3.27)可得：

$$\begin{cases} v_z(\rho, z) = -v_{z\infty} \\ v_\rho(\rho_i, z_i) = v_\rho(\rho_{i-1}, z_{i-1}) + \dfrac{qE_\rho(\rho_{i-1}, z_{i-1})}{m} \Delta t \end{cases} \tag{3.3.30}$$

由式(3.3.29)可得：

$$\begin{cases} z_i = z_{i-1} - v_{z\infty} \Delta t \\ \rho_i = \rho_{i-1} + v_\rho(\rho_{i-1}, z_{i-1}) \Delta t + \dfrac{1}{2} \dfrac{qE_\rho(\rho_{i-1}, z_{i-1})}{m} (\Delta t)^2 \end{cases} \tag{3.3.31}$$

再根据初始条件 $\boldsymbol{R} = (\rho_0, z_0) = (0, 350)$ 和初始条件 $v_\rho(\rho_0, z_0) = 0$，由式(3.3.30)和(3.3.31)采用递推算法即可对泡沫粒子的运动轨迹进行数字仿真。

(3) 运动轨迹的MATLAB仿真程序。

将下述的源程序附在shiyan3_line_charge2. m之后，并将其复制到MATLAB搜索目录下，再在MATLAB命令行窗口输入“shiyan3_line_charge2”并按“ENTER”键，可得带电粒子在 xOz 平面的运动轨迹如图3.3.17所示。

```
%3)画出 xOz 轴对称平面内的带电粒子的运动轨迹
deltat = 0.5; %时间间隔 = 0.5
vzinf = 10; % z 轴方向速度 = 10
qoverm = 0.05; % q/m = 0.05
vr(1) = 0; %径向初速度 = 0
ro(1) = 0.1; %径向初始位置 = 0.1
zi(1) = 350; % z 轴初始位置 = 350
```

```
for ii = 1:71;      % 将 z 轴全程(z = -350～350 mm)划分为 70 个区段
zi(ii+1) = zi(ii) - vzinf * deltat; % 粒子的 z 轴位置 zi
% 按粒子的实际坐标(ro(ii),zi(ii))求解出其径向电场的难度较大,前面
% 已计算出的 er 是径向电场 er(jj,kk),下标(jj,kk)是按场域等距离划分的,间距为 10,
% 下面两式可以从实际坐标(ro(ii),zi(ii))求解出径向电场下标(jj,kk)
jj = 1 + floor((zi(1) - zi(ii))/10);
kk = 1 + floor(ro(ii)/10);
% 下面两式是径向速度 v_rho 与径向坐标 ro 递推公式
vr(ii+1) = vr(ii) + qoverm * er(jj,kk) * deltat;
ro(ii+1) = ro(ii) + vr(ii) * deltat + 0.5 * qoverm * er(jj,kk) * deltat^2;
end
plot(ro,zi,'-m.');
```

程序运行后可得带电粒子在 xOz 平面的运动轨迹如图 3.3.17 所示。

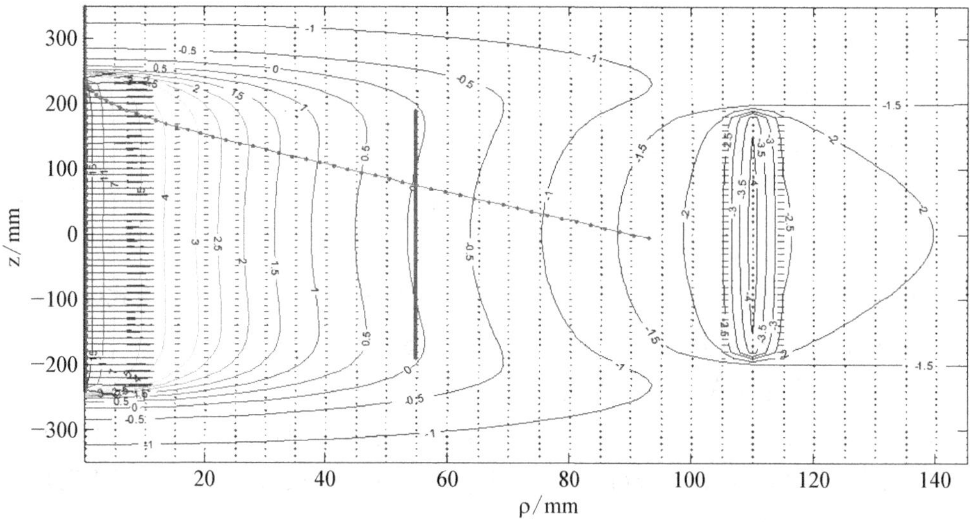

图 3.3.17 静电除尘实验装置中带电粒子的运动轨迹仿真结果

3. 实验内容

(1) 编写 MATLAB 程序,布置如图 3.3.9 所示的镜像环电荷和镜像线电荷,对静电除尘实验装置空心圆柱体 xOz 轴对称平面内的电势和电场分布进行数值计算。

(2) 编写 MATLAB 程序,对带电泡沫粒子在不同初始条件下(例如时间间隔 Δt、z 轴速度 $-v_{z\infty}$、带电粒子荷质比 q/m,初始位置 ρ_0)xOz 平面的运动轨迹进行数字仿真。仿真计算出的参考结果如图 3.3.18(a)(b)所示。

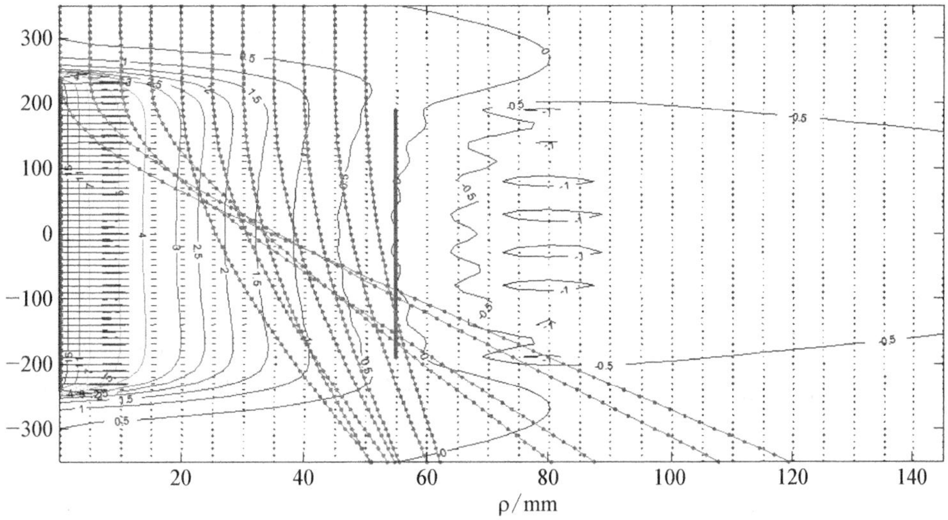

(a) 场域范围ρ为0.1～150 mm，z为−350～350 mm

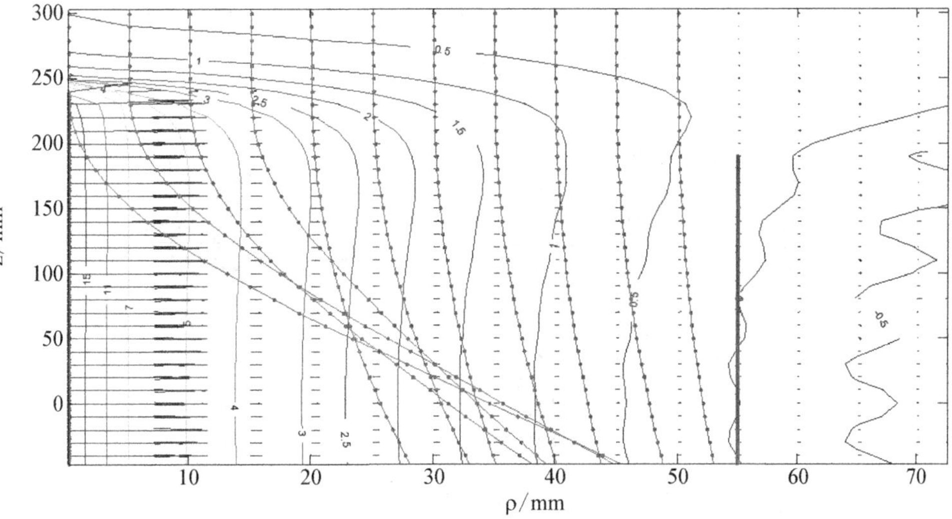

(b) 局部放大图

图 3.3.18　使用镜像环电荷和镜像线电荷组合时，带电粒子的运动轨迹仿真结果

(3) 分析讨论静电除尘实验中观察到的结果与仿真结果是否一致，若不一致，请分析原因。

4. 实验报告要求

(1) 列出仿真依据的计算公式，并给出仿真结果及源程序。

(2) 根据图 3.3.18，分析电场大小对带电泡沫微粒的运动轨迹的影响情况。

(3) 如果单独进行仿真实验，请解答 2.3 静电除尘实验中的思考题。

3.4 环形载流线圈仿真

1. 实验目的

电磁力是电磁场具有能量的重要表征之一，它可归结为磁场作用于元电流的力，是近代电磁工程应用中备受关注的物理场效应。本实验以电磁起重力工程应用分析为背景，对典型系统（环形载流线圈-铁磁平板系统）的磁场分布与电磁力进行数字仿真，并与实测数据进行比对分析。

2. 实验原理

1）环形载流线圈-铁磁平板系统的等效模型

环形载流线圈-铁磁平板系统（原型）如图 3.4.1 所示，包括环形载流线圈、铁磁平板、电子秤、数字高斯计、三路可编程直流电源等。

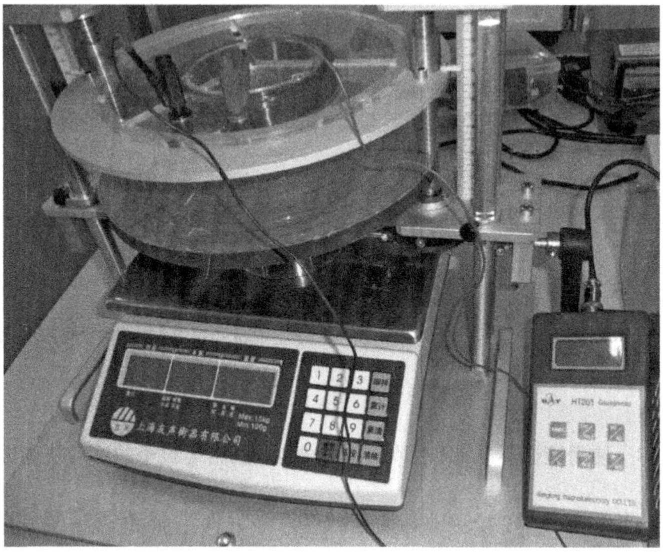

图 3.4.1　环形载流线圈-铁磁平板系统(原型)

环形载流线圈-铁磁平板系统（原型）的尺寸如图 2.4.8 所示。本实验通过仿真研究环形载流线圈-铁磁平板系统（原型）的磁场分布与电磁力。当使用 MATLAB 仿真出磁场分布与电磁力的仿真值之后，再与实测值进行对比分析。

如图 2.4.8 所示，圆形铁磁平板半径 $R=12.4$ cm，厚度 $d=1.2$ cm，磁导率 $\mu=$

$500\mu_0$，密度为 $7.9\times10^3\ \mathrm{kg/m^3}$。环形载流线圈的内径 $r_1=5\ \mathrm{cm}$，外径 $r_2=6\ \mathrm{cm}$，高度 $D_z=2\ \mathrm{cm}$，线圈匝数 $N=180$ 匝。环形载流线圈与铁磁平板之间的距离为 h。

为了应用磁场镜像法进行磁场和磁力仿真计算，对环形载流线圈-铁磁平板系统进行了理想化假设：当圆形铁磁平板半径 $R\gg h, r_1, r_2$（理论上应令 $R\to\infty$），铁磁平板磁导率 $\mu\to\infty$时，则就其上半空间呈轴对称特征的磁场分布而言，可将环形载流线圈-铁磁平板系统近似为环形载流线圈与无限大铁磁平板所构成的磁系统。从而，环形载流线圈-铁磁平板系统上半空间中的磁场分布可等效成环形载流线圈-环形载流线圈系统上半空间中的磁场分布。

环形载流线圈-环形载流线圈系统如图 2.4.9 所示，由原环形载流线圈及其位于镜像对称位置的环形镜像载流线圈所组成，两者同向载流、相距为 $2h$，且处于与环形载流线圈-铁磁平板系统上半空间对应的同一无限大均匀媒质(空气)之中 $(\mu\approx\mu_0)$。

环形载流线圈-铁磁平板系统的等效模型如图 3.4.2 所示。铁磁平板上半空间环形载流线圈磁场分布的数值解，即可使用该等效模型，通过对两个单匝线圈产生的磁感应强度 $\boldsymbol{B}$(即磁通密度)的数值积分而求得。同理，使用该等效模型，通过对两个单匝线圈产生的磁场吸力的数值积分，也可求得两个环形载流线圈(或环形载流线圈-铁磁平板)之间的吸力。

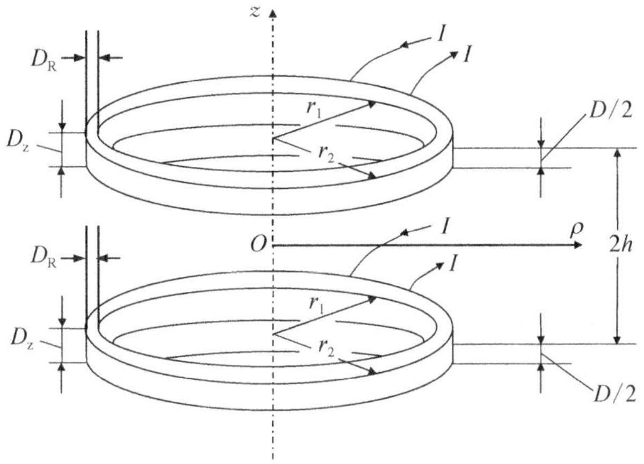

图 3.4.2 环形载流线圈-铁磁平板系统的等效模型

2) 环形载流线圈磁场分布与磁场吸力计算

(1) 磁场分布计算。

在磁悬浮仿真实验中，铝板是电磁屏，式(3.2.32)、式(3.2.33)是轴心位于 $-h+z'$、$h+z'$（即相距 $2h$），半径为 $a+r'$ 的两个单匝线圈，当施加电流 I 与镜像电流 $I'(=-I)$ 大小相等、方向相反时，在任意一点 $P(0,\rho,z)$ 产生的磁感应强度 $B'_\rho\boldsymbol{e}_\theta$ 和 $B'_z\boldsymbol{e}_z$ 的表达式。

本实验的数学模型与“3.2 节磁悬浮仿真实验”的类似，但本实验使用了铁磁平板，可以近似看作为一种理想的“磁屏”，施加电流 I 与铁磁平板内的镜像电流 $I'(=-I)$ 大小相等、方向相同。故本实验任意一点 $P(0,\rho,z)$ 的磁感应强度 $B_\rho \boldsymbol{e}_\theta$ 和 $B_z \boldsymbol{e}_z$ 的表达式与式(3.2.32)、式(3.2.33)基本一致，不同之处仅仅是第二项的"－"变"＋"。

应用镜像法，可以将环形载流线圈-铁磁平板系统等效成两个共轴的矩形截面的载流线圈。故通过对两个单匝线圈的磁场沿着 z 向 z' 和径向 r' 进行二维高斯-勒让德积分，可求得矩形截面载流线圈 $\rho>0$ 场域内的任意点 P 的磁场强度 $B'_\rho \boldsymbol{e}_\theta$ 和 $B'_z \boldsymbol{e}_z$ 的表达式，即

$$\begin{aligned} B'_\rho &= N/(D_R D_z)\int_{-D_R/2}^{D_R/2}\int_{-D_z/2}^{D_z/2} B_\rho \mathrm{d}z'\mathrm{d}r' \\ &= 0.25 B_0 N \sum_{j=1}^{m}\sum_{i=1}^{n} H_i H_j [(z-h-z')/(\rho \cdot r'_1)\cdot B_{\rho k1} \\ &\quad + (z+h-z')/(\rho \cdot r'_2)\cdot B_{\rho k2}\,|_{r'=0.5D_R\xi_i,\, z'=0.5D_z\xi_j}] \end{aligned} \tag{3.4.1}$$

$$\begin{aligned} B'_z &= N/(D_R D_z)\int_{-D_R/2}^{D_R/2}\int_{-D_z/2}^{D_z/2} B_z \mathrm{d}z'\mathrm{d}r' \\ &= 0.25 B_0 N \sum_{j=1}^{m}\sum_{i=1}^{n} H_i H_j [(1/r'_1)\cdot B_{zk1} + (1/r'_2)\cdot \\ &\quad B_{zk2}\,|_{r'=0.5D_R\xi_i,\, z'=0.5D_z\xi_j}] \end{aligned} \tag{3.4.2}$$

式(3.4.1)、式(3.4.2)中，

$$B_0 = I\mu_0/(2\pi),\ r'_1=\sqrt{(a+r'+\rho)^2+(z-h-z')^2},\ k_1 = 2\sqrt{(a+r')\rho}/r'_1$$

$$B_{\rho k1} = \frac{(a+r')^2+\rho^2+(z-h-z')^2}{(a+r'-\rho)^2+(z-h-z')^2}E(k_1) - K(k_1)$$

$$B_{zk1} = \frac{(a+r')^2-\rho^2-(z-h-z')^2}{(a+r'-\rho)^2+(z-h-z')^2}E(k_1) + K(k_1)$$

$$r'_2=\sqrt{(a+r'+\rho)^2+(z+h-z')^2},\ k_2 = 2\sqrt{(a+r')\rho}/r'_2$$

$$B_{\rho k2} = \frac{(a+r')^2+\rho^2+(z+h-z')^2}{(a+r'-\rho)^2+(z+h-z')^2}E(k_2) - K(k_2)$$

$$B_{zk2} = \frac{(a+r')^2-\rho^2-(z+h-z')^2}{(a+r'-\rho)^2+(z+h-z')^2}E(k_2) + K(k_2)$$

上面各式中，工作电流 $I=2$ A；环形线圈平均半径 $a=(r_2+r_1)/2=0.055$ m，厚度 $D_R=r_2-r_1=0.01$ m，内径 $r_1=0.05$ m，外径 $r_2=0.06$ m，高度 $D_z=0.02$ m，与铁磁平板的间距 $h=0.021$ m。高斯-勒让德积分节点数可以取 $n=2$、$m=5$，对应的高斯-勒让德积分节点 ξ_i、ξ_j 及其权重系数 H_i、H_j 如表3.2.2所示。$K(k_2)$、$E(k_2)$ 为第一类和第二类完全椭圆积分。

对于近轴场 $(\rho \ll 1)$，即 P 点位于 z 轴附近时，根据式[3.2.32(a)]、式[3.2.33(a)]，可以将式(3.4.1)、式(3.4.2)变为

$$B'_\rho = 0.25 \times 1.5\pi B_0 N \sum_{j=1}^{m}\sum_{i=1}^{n} H_i H_j \cdot (a+r')^2 \rho^3 \left(\frac{1}{(z-h-z')r_1'^5} + \frac{1}{(z+h-z')r_2'^5} \right) \Big|_{r'=0.5D_R\xi_i, z'=0.5D_z\xi_j} \quad [3.4.1(a)]$$

$$B'_z = 0.25\pi B_0 N \sum_{j=1}^{m}\sum_{i=1}^{n} H_i H_j \cdot (a+r')^2 \left(\frac{1}{r_1'^3} + \frac{1}{r_2'^3} + \frac{1.5\rho^4}{(z-h-z')^2 r_1'^5} + \frac{1.5\rho^4}{(z+h-z')^2 r_2'^5} \right) \Big|_{r'=0.5D_R\xi_i, z'=0.5D_z\xi_j} \quad [3.4.2(a)]$$

式中，$r'_1 = \sqrt{(a+r')^2 + (z-h-z')^2}$，$r'_2 = \sqrt{(a+r')^2 + (z+h-z')^2}$。

在 $h=0.021$ m、$I=2$ A 的工况下，应用程序 shiyan4_BpBz.m 对图 3.4.2 所示的基于磁场镜像法建立的等效模型的磁场分布进行 MATLAB 仿真。已知在上述 $h=0.021$ m、$I=2$ A 的工况下，上半空间沿 z 轴线处原型（铁板 $R=12.4$ cm）的实测值 $B_z\boldsymbol{e}_z$(Gs)和等效模型的实测值 $B'_z\boldsymbol{e}_z$(Gs)如表 3.4.1 所示。

表 3.4.1 上半空间沿轴线处 $B_z\boldsymbol{e}_z$、$B'_z\boldsymbol{e}_z$ 的分布

$P(0,z)$点 z 坐标 z/m	0.00	0.01	0.02	0.03	0.04	0.05	0.06	0.07	0.08
原型($R=12.4$ cm)实测值 B_z/Gs	60.8	61.2	58.8	53.4	46.5	34.4	29.6	21.8	18.3
等效模型实测值 B'_z/Gs	62.5	61.8	59.2	54.2	46.1	36.8	28.7	22.0	17.3

(2) 磁场分布计算的 MATLAB 仿真程序。

将下述程序存成文件名 shiyan4_BpBz.m，将其复制到 MATLAB 搜索目录下，然后在 MATLAB 命令行窗口输入“shiyan4_BpBz”并按“ENTER”键，即可获得仿真结果。

磁场分布计算的 MATLAB 仿真程序如下：

```
%矩形截面圆环线圈磁场分布仿真程序 shiyan4_BpBz.m
clear;clf;
N = 180;                        %线圈匝数
mu0 = 4 * pi * 1e - 7;          %空气磁导率
r1 = 0.050;                     %线圈内径,单位 m
r2 = 0.060;                     %线圈外径,单位 m
Dz = 0.020;                     %线圈截面高度,单位 m
a = (r2 + r1)/2;                %线圈等效半径,单位 m
h = 0.021;                      %h 为线圈离开铁磁平板的高度,单位 m
I = 2;                          %I 为线圈工作电流,单位 A
B0N = mu0 * I * N/(2 * pi);
```

```
[rho,z] = meshgrid(0.0:0.00075:0.12, -0.12:0.01:0.12);   %设置 rho、z 坐标网格点

[rows,columns] = size(rho);
figure(1); %图 1 为线圈磁场分布

 %高斯-勒让德积分点 m = 1,2,5,8,m 可以取不同值
m = 1;  %m = 1 高斯-勒让德积分
xi_jl(1) = 0;  hi_jl(1) = 2;

 %{   %在本行花括号后面按 ENTER 键,即取消 m = 2,m = 5,m = 8 高斯-勒让德积分
m = 2;
xi_jl(1) = -0.577350269189626;  hi_jl(1) = 1;
xi_jl(2) = 0.577350269189626;  hi_jl(2) = 1;

 %高斯-勒让德积分点 m = 5,高斯-勒让德积分点 xi_jl(1)~xi_jl(5),积分系数 hi_jl(1)~hi_jl(5)
 %{   %在本行花括号后面按 ENTER 键,即取消 m = 5,m = 8 高斯-勒让德积分
m = 5;
xi_jl(1) = -0.906179845938664;   hi_jl(1) = 0.236926885056189;
xi_jl(2) = -0.538469310105683;   hi_jl(2) = 0.478628670499366;
xi_jl(3) = 0.0;                  hi_jl(3) = 0.568888888888889;
xi_jl(4) = 0.538469310105683;    hi_jl(4) = 0.478628670499366;
xi_jl(5) = 0.906179845938664;    hi_jl(5) = 0.236926885056189;

 %{   %在本行花括号后面按 ENTER 键,即取消 m = 8 高斯-勒让德积分
m = 8;
xi_jl(1) = -0.960289856497536;   hi_jl(1) = 0.101228536290376;
xi_jl(2) = -0.796666477413627;   hi_jl(2) = 0.222381034453374;
xi_jl(3) = -0.525532409916329;   hi_jl(3) = 0.313706645877887;
xi_jl(4) = -0.183434642495650;   hi_jl(4) = 0.362683783378362;
xi_jl(5) = 0.183434642495650;    hi_jl(5) = 0.362683783378362;
xi_jl(6) = 0.525532409916329;    hi_jl(6) = 0.313706645877887;
xi_jl(7) = 0.796666477413627;    hi_jl(7) = 0.222381034453374;
xi_jl(8) = 0.960289856497536;    hi_jl(8) = 0.101228536290376;
```

```
%}

%高斯-勒让德积分点 n=1,2,5,n 可以取不同值
n=1; %高斯-勒让德积分点 n=1
xi_ik(1)=0;  hi_ik(1)= 2;

%高斯-勒让德积分点 n=2,高斯-勒让德积分点 xi_ik(1)~xi_ik(2),积分系数 hi_ik
(1)~hi_ik(2)
%{  %在本行花括号后面按 ENTER 键,即取消 n=2,n=5 高斯-勒让德积分
n=2;
xi_ik(1) = -0.577350269189626;  hi_ik(1) = 1;
xi_ik(2) = 0.577350269189626;   hi_ik(2) = 1;

%{  %在本行花括号后面按 ENTER 键,即取消 n=5 高斯-勒让德积分
n=5;
xi_ik(1) = -0.906179845938664;  hi_ik(1) = 0.236926885056189;
xi_ik(2) = -0.538469310105683;  hi_ik(2) = 0.478628670499366;
xi_ik(3) = 0.0;                 hi_ik(3) = 0.568888888888889;
xi_ik(4) = 0.538469310105683;   hi_ik(4) = 0.478628670499366;
xi_ik(5) = 0.906179845938664;   hi_ik(5) = 0.236926885056189;
%}

%线圈沿 rho 轴方向的磁感应强度为 Brho,沿着轴线方向的磁感应强度为 Bz
DR_over_2=(r2-r1)/2;         %线圈截面厚度 DR/2,单位 m
rpie=a*ones(1,n);

for ii=1:n
rpie(ii)=xi_ik(ii)*DR_over_2;
end

Dz_over_2=Dz/2;              %线圈截面高度 Dz/2,单位 m
zpie=h*ones(1,m);
for jj=1:m
zpie(jj)=xi_jl(jj)*Dz_over_2;
end
```

```
[rows,columns] = size(rho);

for i = 1:rows
  for j = 1:columns
      Bpierho(i,j) = 0;
      Bpiez(i,j) = 0;
      for jj = 1:m
        for ii = 1:n
            rp1(i,j) = sqrt((a + rpie(ii) + rho(i,j))^2 + (z(i,j) - h - zpie(jj))^2);
            rp1_no_rho(i,j) = sqrt((a + rpie(ii))^2 + (z(i,j) - h - zpie(jj))^2);
            k1(i,j) = 2 * sqrt((a + rpie(ii)) * rho(i,j))/rp1(i,j);
            [K1(i,j),E1(i,j)] = ellipke(k1(i,j)); % K1 为第一类完全椭圆积分,E1
            为第二类完全椭圆积分

            rp2(i,j) = sqrt((a + rpie(ii) + rho(i,j))^2 + (z(i,j) + h - zpie(jj))^
            2);
             rp2_no_rho(i,j) = sqrt((a + rpie(ii))^2 + (z(i,j) + h - zpie(jj))^2);
            k2(i,j) = 2 * sqrt((a + rpie(ii)) * rho(i,j))/rp2(i,j);
            [K2(i,j),E2(i,j)] = ellipke(k2(i,j)); % K2 为第一类完全椭圆积分,E2
            为第二类完全椭圆积分
           % 求任一点的 Brhok1

Brhok1(i,j) = ((a + rpie(ii)).^2 + rho(i,j)^2 + (z(i,j) - h - zpie(jj))^2)/((a + rpie
(ii) - rho(i,j))^2 + (z(i,j) - h - zpie(jj))^2) * E1(i,j) - K1(i,j);
          % 求任一点的 Brhok2

Brhok2(i,j) = ((a + rpie(ii)).^2 + rho(i,j)^2 + (z(i,j) + h - zpie(jj))^2)/((a + rpie
(ii) - rho(i,j))^2 + (z(i,j) + h - zpie(jj))^2) * E2(i,j) - K2(i,j);

                if rho(i,j)<0.00001 % 求近轴点的场强 Brho,<0.00001 即 rho = 0,
                实际 Brho = 0

    Bpierho(i,j) = Bpierho(i,j) + 10000 * 0.25 * B0N * pi * hi_ik(ii) * hi_jl(jj) *
(a + rpie(ii))^2 * 1.5 * rho(i,j)^3 * (1/(z(i,j) - h - zpie(jj))/rp1_no_rho(i,j)^5 +
```

```
1/(z(i,j) + h - zpie(jj))/rp2_no_rho(i,j)^5); % 求近轴点 Brho

                    else
                        if ((rho(i,j)<0.06 && rho(i,j)>0.05) && (z(i,j)<0.031 && z
(i,j)>0.011))||((rho(i,j)<0.06 && rho(i,j)>0.05) && (z(i,j)<-0.011 && z(i,
j)>-0.031))
                            Bpierho(i,j) = 0;    % 令载流线圈内部的场强 Brho = 0
                        else

Bpierho(i,j) = Bpierho(i,j) + 10000 * 0.25 * BON * hi_ik(ii) * hi_jl(jj) * ((z(i,
j) - h - zpie(jj))/rp1(i,j)/rho(i,j) * Brhok1(i,j) + (z(i,j) + h - zpie(jj))/rp2
(i,j)/rho(i,j) * Brhok2(i,j));
% 使用第一类、第二类完全椭圆积分求一般场点 Brho
                        end

                    end

                if ((rho(i,j)<0.06 && rho(i,j)>0.05) && (z(i,j)<0.031 && z(i,
j)>0.011))||((rho(i,j)<0.06 && rho(i,j)>0.05) && (z(i,j)<-0.011 && z(i,
j)>-0.031))
                            Bpiez(i,j) = 0; % 令载流线圈内部的场强 Bz = 0
                else
                % 求远轴任一点的 Bzk1

Bzk1(i,j) = ((a + rpie(ii))^2 - rho(i,j)^2 - (z(i,j) - h - zpie(jj))^2)/((a + rpie
(ii) - rho(i,j))^2 + (z(i,j) - h - zpie(jj))^2) * E1(i,j) + K1(i,j); % 使用第一类、
第二类完全椭圆积分求 Bzk1
                % 求远轴任一点的 Bzk2

Bzk2(i,j) = ((a + rpie(ii))^2 - rho(i,j)^2 - (z(i,j) + h - zpie(jj))^2)/((a + rpie
(ii) - rho(i,j))^2 + (z(i,j) + h - zpie(jj))^2) * E2(i,j) + K2(i,j); % 使用第一类、
第二类完全椭圆积分求 Bzk2

Bpiez(i,j) = Bpiez(i,j) + 10000 * 0.25 * BON * hi_ik(ii) * hi_jl(jj) * (1/rp1(i,j)
 * Bzk1(i,j) + 1/rp2(i,j) * Bzk2(i,j)); % 计算近轴点或远轴点 Bz
```

```
                end


            end
          end
      end
end

quiver(rho,z,Bpierho,Bpiez,3);          % 第五输入宗量 3 使磁场强度箭头长短适中
hold on

%画铁板上部线圈截面,即一个矩形轮廓
plot([0.05,0.05],[0.02,0.041],'r-');
plot([0.06,0.06],[0.02,0.041],'r-');
plot([0.05,0.06],[0.02,0.02],'r-');
plot([0.05,0.06],[0.041,0.041],'r-');

%画铁板下方镜像线圈截面,也是一个矩形轮廓
plot([0.05,0.05],[-0.02,-0.041],'r-');
plot([0.06,0.06],[-0.02,-0.041],'r-');
plot([0.05,0.06],[-0.02,-0.02],'r-');
plot([0.05,0.06],[-0.041,-0.041],'r-');

y=0.0;
x=0.0:0.0005:0.191;
plot(x,y,'r-');                         %画 rho 轴,即铁板表面
x=0.181:0.0005:0.191;
y=0.191-x;
plot(x,y,'r-');                         %画 rho 轴箭头
x=0.181:0.0005:0.191;
y=-0.191+x;
plot(x,y,'r-');                         %画 rho 轴箭头

y=-0.1:0.001:0.1;
x=0;
plot(x,y,'r-');                         %画盘状线圈轴心线 z 轴
```

```
y = 0.09:0.01:0.1;
x = y - 0.1;
plot(x,y,'r-');                         %画盘状线圈轴心线箭头
y = 0.09:0.01:0.1;
x = 0.1 - y;
plot(x,y,'r-');                         %画盘状线圈轴心线箭头
legend('磁场矢量 B');
xlabel('r/m');
ylabel('z/m');
title('矩形截面圆环线圈的磁场分布');

figure (2);      %第2个绘图窗
mesh(rho,z,Bpiez); %三维曲面绘图
xlabel('ρ/m'),ylabel('z/m'),zlabel('B′z/Gs'); %x,y,z轴的说明
title('矩形截面圆环线圈的磁场曲面图');
figure (3);      %第3个绘图窗
hold on

zzpie = [-0.08:0.01:-0.01,0,0.01:0.01:0.08];
Bpiez_equ = [17.3, 22.0, 28.7, 36.8, 46.1, 54.2, 59.2, 62.5, 62.8, 62.5, 59.2,
54.2, 46.1, 36.8, 28.7, 22.0, 17.3]; %等效模型实测值
Bz_Origin = [16.3, 19.8, 27.6, 32.4, 46.5, 53.4, 58.8, 61.2, 61.8, 61.2, 58.8,
53.4, 46.5, 32.4, 27.6, 19.8, 16.3]; %原型(R = 12cm)实测值
plot(zzpie,Bpiez_equ,'o',zzpie,Bz_Origin,'*'); %画散点图

zzzpie = [-0.12:0.001:0.12]; %z
a = r1/2 + r2/2; %r
ip = N * I; %I'
Bpz = 10000 * mu0 * ip * a^2 * (1./(a^2 + (zzzpie - h).^2).^1.5 + 1./(a^2 + (zzzpie +
h).^2).^1.5)/2; % *10000表示单位变为高斯
plot(zzzpie,Bpz,'.'); %绘制Bpz～z曲线,单匝线圈

for i = 1:rows - 1
    plot([z(i,1),z(i+1,1)],[Bpiez(i,1),Bpiez(i+1,1)],'-r'); %绘图B′z～z曲
线 z(i,1) ...1表示网格ρ = 0
```

```
end
ylabel('磁场强度 B′z、Bz、Bpz/Gs'),xlabel('z/m'); %x,y轴的说明
legend('等效模型 B′z 实测点','原型(R=12cm)Bz 实测点','单匝线圈仿真计算点 Bpz=f
(z, ρ=0)','高斯-勒让德积分仿真曲线 B′z=f(z, ρ=0)');
title('矩形截面圆环线圈的 z 轴上的磁场 B′z～z 曲线、实测点及单匝线圈仿真计算点');
```

程序运行后可得 figure(1)、figure(2)、figure(3)，结果如图 3.4.3、图 3.4.4、图 3.4.5 所示。

如图 3.4.3 所示，应用程序 shiyan4_BpBz.m 画出了 z 轴方向上 $\rho=0$ 时单匝线圈仿真计算点[采用式(2.4.12)计算]，也画出了 z 轴方向上 $\rho=0$ 的高斯-勒让德积分仿真曲线 $B'_z \sim z$，然后在曲线图上叠加了表 3.4.1 所示的原型(铁板 R=12.4 cm)实测值 B_z 和等效模型实测值 B'_z 的离散点。由图 3.4.3 可见，z 轴上的磁场理论仿真计算值与实测值基本一致。这验证了近轴场计算公式的正确性。

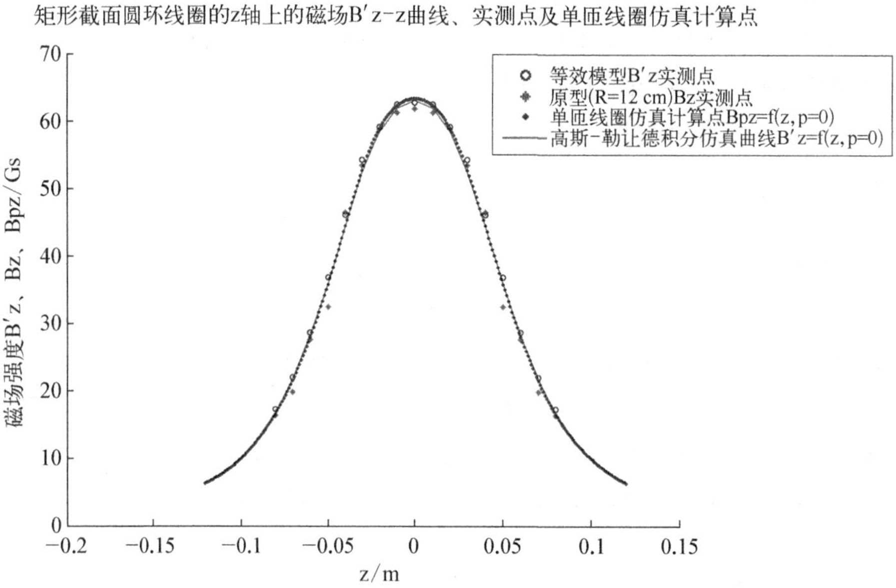

图 3.4.3　环形载流线圈 z 轴上的磁场 $B'z \sim z$ 曲线及实测点

(3) 磁场吸力计算。

类似于表达式(3.2.46)，两个矩形截面的载流线圈之间的作用力可采用二维高斯-勒让德积分进行计算

$$
\begin{aligned}
F'_z &= 0.25N\sum_{j=1}^{m}\sum_{i=1}^{n}\left[H_iH_jB''_{\rho 2}I(2\pi\rho)\right]\Big|_{\rho=a+0.5D_R\cdot\xi_i,\ \ z=h+0.5D_z\xi_j} \\
&= 0.0625N\sum_{j=1}^{m}\sum_{i=1}^{n}\left\{H_iH_jI\left[\sum_{k=1}^{m}\sum_{l=1}^{n}H_lH_k(2\pi\rho B'_{\rho 2})\right.\right. \\
&\qquad \left.\left.\Big|_{r'=0.5D_R\xi_l,\,z'=0.5D_z\xi_k}\right]\Big|_{\rho=a+0.5D_R\xi_i,\ \ z=h+0.5D_z\xi_j}\right\}
\end{aligned}
\tag{3.4.3}
$$

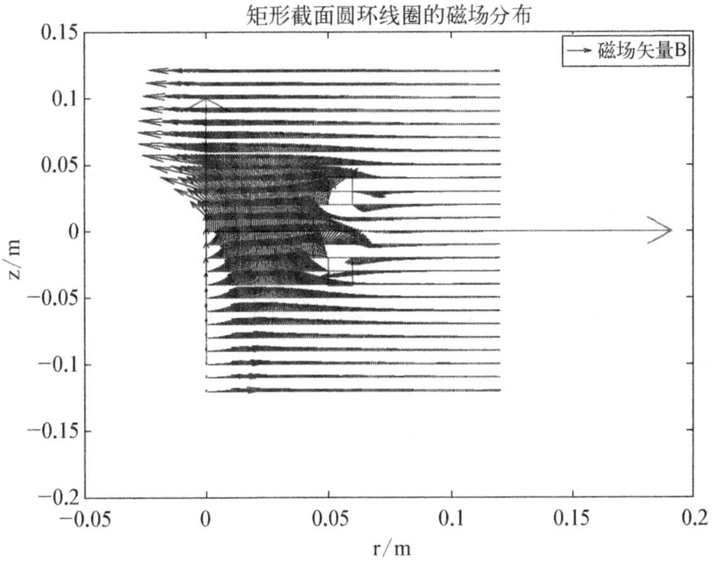

图 3.4.4　环形载流线圈-铁磁平板系统等效模型磁场分布

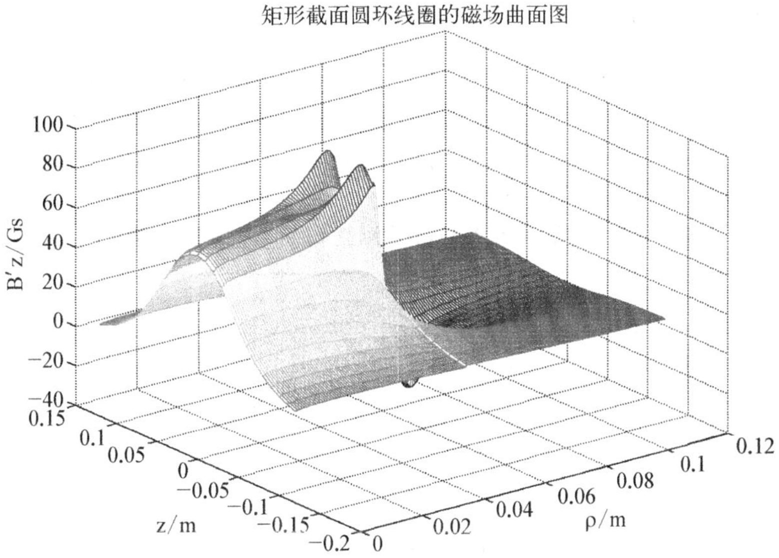

图 3.4.5　环形载流线圈的 z 向磁场 $B'z\sim(\rho、z)$ 曲面图

根据式(3.2.32)并考虑 N 匝线圈，式(3.4.3)中的 $\rho B'_{\rho 2}$ 为

$$\rho B'_{\rho 2}=\frac{NB_0(z+h-z')}{r'_2}B_{\rho k2} \tag{3.4.4}$$

式中，$B_0=I\mu_0/(2\pi)$，I 为圆环电流，I'为镜像电流，I'与 I 的幅值相等，电流方向也相同。$B'_{\rho 2}$ 表示镜像电流 I'在(ρ,z)点产生的径向磁感应强度。其中，

$$r_2'=\sqrt{(a+r'+\rho)^2+(z+h-z')^2},k_2=2\sqrt{(a+r')\rho}/r_2',$$

$$B_{\rho k2}=\frac{(a+r')^2+\rho^2+(z+h-z')^2}{(a+r'-\rho)^2+(z+h-z')^2}E(k_2)-K(k_2)$$

上述三个公式及式(3.4.4)中，I、a、D_R、D_z、$K(k_2)$、$E(k_2)$同前所述；h为线圈高度；高斯-勒让德积分节点数$n=5$、$m=8$，H_i、H_j、ξ_i、ξ_j以及H_k、H_l，ξ_k、ξ_l为对应的积分节点和权重系数；z'、r'分别表示镜像电流I'在径向和z向的位置偏移，$z'=0.5D_z\xi_l$，$r'=0.5D_R\xi_k$；ρ和z分别为受力圆环线圈(电流)I的半径和z向坐标，$z=h+0.5D_Z\xi_i$，$\rho=a+0.5D_R\xi_j$。将式(3.4.4)代入式(3.4.3)，得

$$F_z'=\text{mu0\_n2}\sum_{j=1}^{m}\sum_{i=1}^{n}\left\{H_iH_jI^2\cdot\left[\sum_{l=1}^{m}\sum_{k=1}^{n}H_kH_l\left(\frac{z+h-z'}{r_2'}B_{\rho k2}\right)\bigg|_{r'=0.5D_R\xi_k,z'=0.5D_Z\xi_l}\right]\bigg|_{\rho=a+0.5D_R\cdot\xi_i,\ z=h+0.5D_Z\xi_j}\right\} \tag{3.4.5}$$

式中，mu0_n2=0.062 5μ_0N^2，F_z为正值表示吸引力。

3. 实验内容

对图3.4.2所示等效模型的z向吸力进行MATLAB仿真，参考结果如图3.4.6所示。已知在$h=0.015\,6$ m的工况下，不同激磁电流I下的原型(铁板$R=12.4$ cm)磁场吸力实测值$F_z\boldsymbol{e}_z$(N)和等效模型磁场吸力实测值$F_z'\boldsymbol{e}_z$如表3.4.2所示。

表3.4.2　原型($R=12.4$ cm)实测值F_z和等效模型实测值F_z'

激磁直流电流 I/A	1.00	1.50	2.00	2.50	3.00
原型($R=12.4$ cm)实测值 F_z/N	0.049	0.127	0.225	0.363	0.549
等效模型实测值 F_z'/N	0.059	0.118	0.216	0.333	0.480

根据仿真结果画出z向的磁场吸力$F'z\sim I$曲线图。然后在曲线图上叠加表3.4.2所示的等效模型实测值$F'z$和原型(铁板$R=12.4$ cm)实测值F_z的离散点，参考结果如图3.4.7所示，并分析高斯-勒让德积分点数m、n取不同值时对理论计算结果的影响。

4. 实验报告要求

(1) 列出等效模型磁场吸力仿真依据的计算公式，并给出仿真结果及源程序。

(2) 根据图3.4.6，分析线圈间距h和激磁电流对磁场吸力的影响。

(3) 如果单独进行仿真实验，请解答2.4环形载流线圈实验中的思考题。

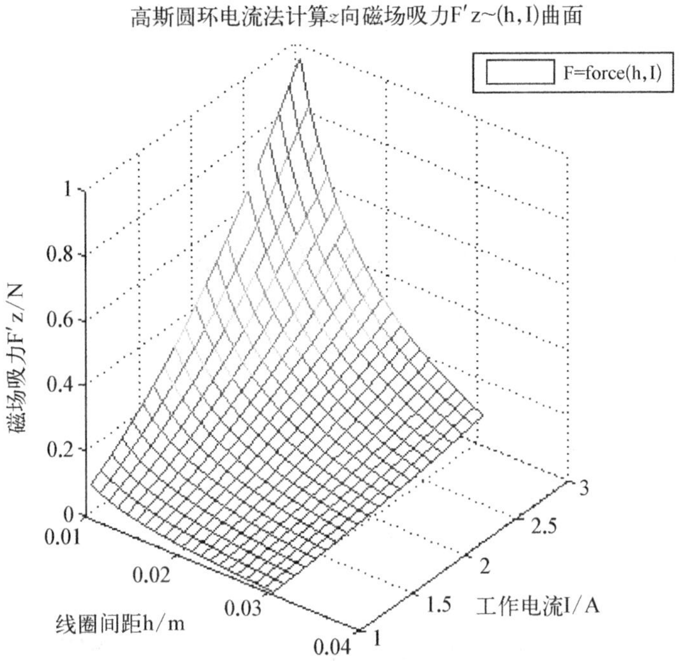

图 3.4.6　环形载流线圈 z 向磁场吸力 $F_z' \sim (h, I)$ 曲面图

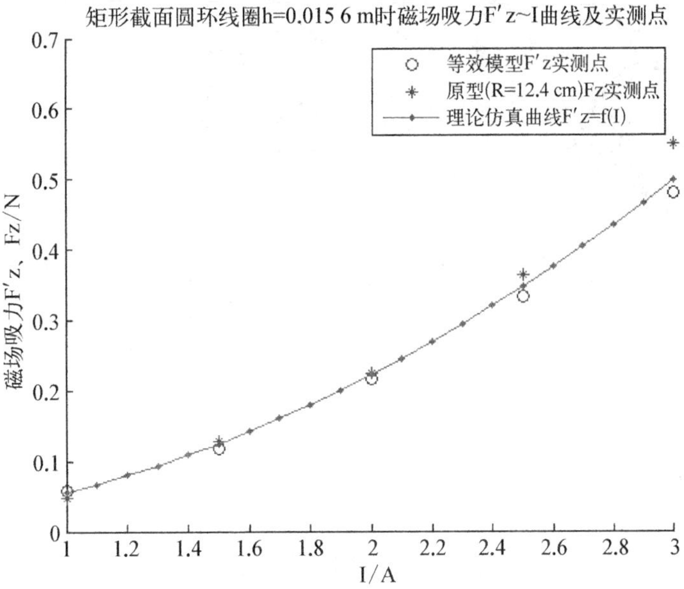

图 3.4.7　环形载流线圈 z 向磁场吸力 $F_z' \sim I$ 曲线及实测点

3.5 盘式电磁铁仿真

1. 实验目的

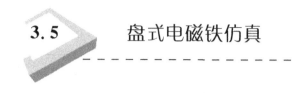

本实验以电磁起重力工程应用分析为背景,对典型系统(盘式电磁铁-铁磁平板系统)的磁场分布与电磁力进行数字仿真,并与实测数据进行比对分析。

2. 实验原理

1）盘式电磁铁-铁磁平板系统

盘式电磁铁-铁磁平板系统如图 3.5.1 所示,包括环形载流线圈及盘式磁轭、铁磁平板、电子秤、数字高斯计、三路可编程直流电源等。镶嵌了环形载流线圈的盘式电磁铁-铁磁平板系统的尺寸如图 3.5.2 所示。

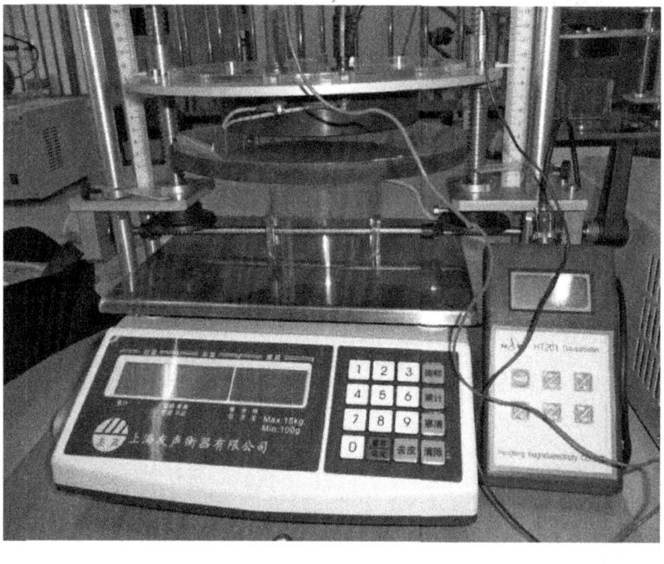

图 3.5.1　盘式电磁铁-铁磁平板系统

将环形载流线圈嵌入由高磁导率铁磁材料(电工钢)制作的磁轭中,使之构成一个盘式电磁铁磁轭。本仿真实验研究图 3.5.1、图 3.5.2 所示的盘式电磁铁-铁磁平板系统的电磁吸引力与磁场分布,比较典型的工程应用是电磁起重装置。

如图 3.5.2 所示,各部分尺寸如下:盘式磁轭半径 $r_3=0.0775$ m,厚度 $W=0.038$ m;圆形铁磁平板半径 $R=0.124$ m,厚度 $d=0.012$ m;环形载流线圈槽内径 $r_1=0.049$ m,槽外径 $r_2=0.060$ m,高度 $D_z=0.012$ m,线圈匝数为 $N=180$。

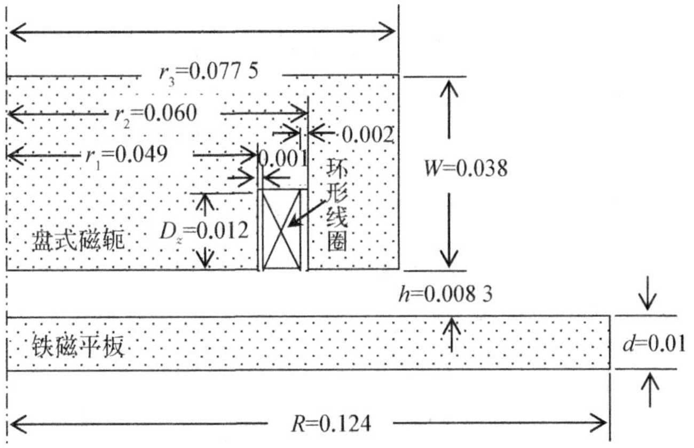

图 3.5.2 镶嵌了环形载流线圈的盘式电磁铁-铁磁平板系统尺寸图(单位: m)

环形载流线圈底部与铁磁平板之间的间隙距离为 h。根据间隙 h 的大小,电磁力与磁场的计算需采用不同的方法。

当间隙 $h=\delta$ 是一个微小距离时,假设:

(1) 盘式电磁铁磁轭与圆形铁磁平板的磁导率 $\mu \to \infty$;

(2) 圆形铁磁平板的半径 $R \gg$ 气隙厚度 δ, $R \gg r_3$;

(3) 气隙中磁通密度 $\boldsymbol{B}_\delta$ 均匀分布,且忽略气隙外缘和环形载流线圈处磁场的扩散效应。

这时,气隙磁场与电磁力可以采用虚位移-安培环路定律法求得近似解析解。

当间隙 $h=\delta$ 较大时,磁场分布就需采用 PDE Toolbox 等有限元数值计算方法进行求解。下面以 $h=\delta=0.008\,3$ m 为例,分别采用虚位移-安培环路定律法求电磁力,采用 PDE Toolbox 有限元法进行磁场仿真计算。

2) *虚位移-安培环路定律法求电磁力*

(1) 公式推导。

"虚位移"只是一种想象中虚构的微小位移,实际上被研究的导体回路是不移动的。但是在由多个回路电流组成的系统中,若要求解某部分受到的磁场力,可假设其发生微小的位移,并且在假设磁链 ψ_i 不变或电流 I_i 不变两种条件下,都可以推导出同样的磁力计算公式。

① 假设每个回路的磁链 ψ_i 不随时间改变。

由于该部分的位移,系统中各个回路电流必定发生改变,才能维持各个回路的磁链不变。因为与各个电流回路交链的磁通量不随时间改变,即 $\mathrm{d}\psi_i/\mathrm{d}t=0$,所以各个回路中没有感应电动势,故与回路相连的各个电源不对回路系统输入能量(假定热量损耗可以忽略),也就是说电源对系统不做功,发生位移所需的机械功只有靠系统磁场能的减少来完成。所以

$$F\mathrm{d}r=-\mathrm{d}W_c\mid_{\psi=\mathrm{const}},\text{即 } F=-\nabla W_c\mid_{\psi=\mathrm{const}} \tag{3.5.1}$$

磁场能量只与回路电流的最终值有关,而与电流的建立过程无关,因此,可以选择一个便于计算的电流建立过程,即设各回路电流都按同一比例增长。故磁场建立过程中,储存的总能量 $W_c=\sum I_i \mathrm{d}\psi_i$,根据式(3.5.1)就可以计算出磁场力。

② 假设每个回路的电流 I_i 不变。

由于该部分的位移,各回路的磁链要发生变化,各回路都产生感应电动势,这时各电源必然要做功来克服感应电动势以保持电流不变。电源做功为

$$\Delta W=\sum I_i(\Delta\phi_i/\Delta t)\Delta t=\sum I_i\Delta\phi_i$$

系统的磁能为 $W_m=1/2\sum I_i\Delta\phi_i$,即电源输入能量的一半用于增加磁场储能,另一半用于该部分位移所需的机械功,即

$$F=\nabla W_m\mid_{i=\text{const}} \tag{3.5.2}$$

无论假设磁链不变,还是假设电流不变,都是同一回路发生位移下的两种假设,求出的磁力应该是相同的。

③ 电磁力近似解析解公式推导。

由图 3.5.2 可计算出气隙面积

$$S_1=\pi r_1^2=3.141\,59\times 0.049^2=0.007\,542\ \text{m}^2$$

$$S_2=\pi(r_3^2-r_2^2)=3.141\,59\times(0.077\,5^2-0.060^2)=0.007\,559\ \text{m}^2$$

气隙总面积

$$S=S_2+S_1=\pi(r_3^2-r_2^2+r_1^2)=0.015\,101\ \text{m}^2$$

可见 $S_1\approx S_2$。

由安培环路定律可知穿过气隙面积 S_1 和气隙面积 S_2 的磁通 Φ 为

$$\Phi=B_{\delta S1}S_1=B_{\delta S2}S_2=\frac{\phi_m}{R_m}=\frac{NI}{\dfrac{\delta}{\mu_0 S_1}+\dfrac{\delta}{\mu_0 S_2}} \tag{3.5.3}$$

式中,$B_{\delta S1}$ 为 S_1 下的磁感应强度,$B_{\delta S2}$ 为 S_2 下的磁感应强度,ϕ_m 为磁势,R_m 为磁阻,N 为线圈匝数,I 为线圈电流,μ_0 为空气磁导率,δ 为气隙宽。

由于 $S_1\approx S_2$,故气隙总面积 S 下的平均磁感应强度 $B_\delta\approx B_{\delta S1}\approx B_{\delta S2}$。由式(3.5.3)可得

$$B_\delta=\frac{\mu_0 NI}{2\delta} \tag{3.5.4}$$

当铁磁平板上下移动距离 $\mathrm{d}y$ 时,气隙体积变化量 $\mathrm{d}V=S\mathrm{d}y$,这时,气隙储存的磁场

能量变化量 dW_c 为

$$dW_c = -\frac{1}{2\mu_0}B_\delta^2 S dy = \frac{N^2 I^2}{2}\frac{\mu_0 \pi (r_3^2 - r_2^2 + r_1^2)}{4\delta^2}dy \tag{3.5.5}$$

根据虚位移原理，可以求得盘式电磁铁的电磁力

$$F = \frac{dW_c}{dy} = -\mu_0 \pi N^2 I^2 \frac{(r_3^2 - r_2^2 + r_1^2)}{8\delta^2} \tag{3.5.6}$$

式中的 F 是一个负数，说明电磁力有使气隙缩小的趋势，亦即通常说的吸力。

(2) 电磁力的 MATLAB 仿真程序。

将下述程序存成文件名 shiyan5_force1.m，将其复制到 MATLAB 搜索目录下，然后在 MATLAB 命令行窗口输入"shiyan5_force1"并按"ENTER"键，即可获得仿真结果。

电磁力的 MATLAB 仿真程序如下：

```
%电磁力仿真程序 shiyan5_force1.m
%镶嵌了环形载流线圈的磁轭，通以电流 I 时的电磁力F
clear;clf;
N = 180;                          %线圈匝数
mu0 = 4 * pi * 1e - 7;            %空气磁导率
r1 = 0.049;                       %线圈内径 r1′ = 0.050，槽内径 r1 = 0.049，单位 m
r2 = 0.060;                       %线圈外径 r2′ = 0.058，槽外径 r2 = 0.060，单位 m
r3 = 0.0775;                      %铁轭外径，单位 m
Dz = 0.012;                       %线圈截面高度，单位 m
S = pi * (r3^2 - r2^2 + r1^2);    %铁轭等效面积，单位 m^2

%h 为电磁铁线圈离开铁磁平板的高度，单位 m;I 为线圈工作电流，单位 A
[h,I] = meshgrid(0.0013:0.001:0.0103,0.1:0.254:2.64);   %设置 x、y，即 h、I 坐标网
格点
[rows,columns] = size(h);
mu0_n2 = 0.5 * mu0 * N^2;
% 虚位移 - 安培环路定律法计算电磁铁-铁磁平板 h = 0.0083m 时磁场吸力 F
F = mu0_n2/4 * I.^2 * S./h.^2;
figure(1); %图 1 为 F～(h,I)曲面
mesh(h,I,F); %F～(h,I)网格曲面
view(37.5,30); %观测曲面的视角
hold on
```

```
legend('F=force(h,I)');
xlabel('线圈平板间距 h/m'),ylabel('工作电流 I/A'),zlabel('磁场吸力 F/N');
title('虚位移-安培环路定律法计算磁场吸力 F~(h,I)曲面');

figure(2);      %第 2 个绘图窗
hold on
Ipie=[0.1,0.5:0.5:2.5,2.64];
F_Origin=[0.03,0.240,1.135,2.420,4.415,7.500,8.370]; % 电磁铁-铁磁平板系统 R=12.4cm 实测值
plot(Ipie,F_Origin,'o') %画散点图
for i=1:rows-1
   plot([I(i,8),I(i+1,8)],[F(i,8),F(i+1,8)],'-r.'); %绘制 F~I 曲线,8 对应于 h=0.0083m
end
ylabel('磁场吸力 F/N'),xlabel('I/A');
legend('电磁铁-铁磁平板系统 F 实测点','虚位移-安培环路定律法曲线 F=f(I)');
title('电磁铁-铁磁平板系统 h=0.0083m 时磁场吸力 F~I 曲线及实测点');
```

程序运行后可得 figure(1)、figure(2),结果如图 3.5.3、图 3.5.4 所示。

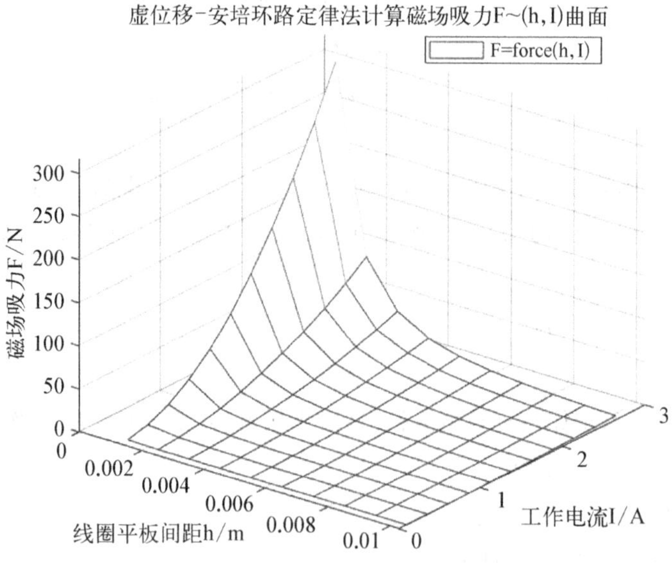

图 3.5.3　盘式电磁铁-铁磁平板系统 $F\sim(h,I)$ 曲面图

MATLAB 程序 shiyan5_force1.m 对式(3.5.6)的电磁力 F 进行了仿真计算,并画出

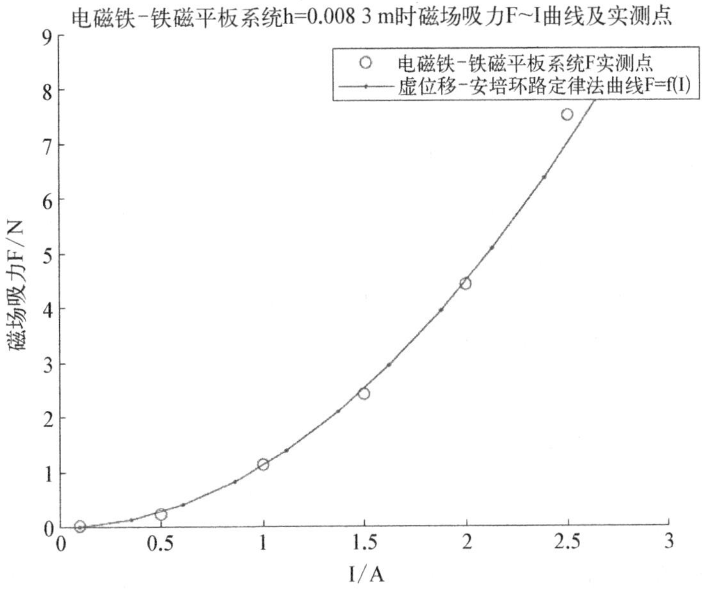

图 3.5.4　盘式电磁铁-铁磁平板系统 $F = f(I)$ 曲线图及实测离散点

了如图 3.5.3 所示的 $F \sim (h, I)$ 曲面图。在 $h = \delta = 0.0083$ m 的工况下，不同激磁电流时的电磁力实测结果 $F'(N)$ 及式(3.5.6)的解析解 $F(N)$ 如表 3.5.1 所示。

表 3.5.1　在 h=0.008 3 m 工况下的电磁力 F' 及解析解 F

激磁电流 I'/A	0.10	0.50	1.00	1.50	2.00	2.50	2.64
电磁力实测 F'/N	0.030	0.240	1.135	2.420	4.415	7.500	8.370
电磁力解析解 F/N	0.012	0.289	1.157	2.603	4.627	7.230	8.062

MATLAB 程序 shiyan5_force1.m 也画出了 $h = \delta = 0.0083$ m 时式(3.5.6)即 $F = f(I)$ 曲线图，然后在曲线图上叠加表 3.5.1 所示的盘式电磁铁-铁磁平板系统实测值 F' 的离散点，如图 3.5.4 所示。可以看出，电磁力仿真计算结果与实测值基本一致，这证明了理论计算公式(3.5.6)的正确性。

3) 应用 PDE Toolbox 仿真"盘式电磁铁-铁磁平板"平行平面二维场磁场分布

静磁场的控制方程用双旋度方程来描述：$\nabla \times \left(\frac{1}{\mu} \nabla \times \boldsymbol{A}\right) = \boldsymbol{J}$ 。采用直角坐标系统 (x, y, z)，在平面问题中假定电流方向平行于 z 轴，于是磁矢位 $\boldsymbol{A}$ 仅存在 z 分量：$\boldsymbol{A} = (0, 0, A_z)$，$\boldsymbol{J} = (0, 0, J_z)$ 。双旋度方程可以简化为标量 $u = A_z$ 的椭圆形偏微分方程：

$$\nabla_{xyz} \times \left(\frac{1}{\mu} \nabla_{xyz} \times A_z\right) = J_z \tag{3.5.7}$$

在平行平面二维场直角坐标系统中，磁感应强度为

$$\boldsymbol{B}=\nabla_{xyz}\times A_z \tag{3.5.8}$$

本实验所要求解的磁系统是如图 3.5.2 所示的一个镶嵌了环形载流线圈的盘式电磁铁-铁磁平板系统。PDE Toolbox 可仿真“平行平面”二维磁场分布，若将盘式电磁铁理解成如图 3.5.2 所示的 xOy 二维平面绕 y 轴旋转了 360 度，再将旋转方向近似看成 z 轴方向，并认为环形线圈中的电流平行于该 z 轴，这样理解之后，就可近似地使用 PDE Toolbox 二维平行平面场模型对盘式电磁铁-铁磁平板系统的磁场分布进行有限元仿真了。下面给出采用 PDE Toolbox 进行磁场有限元求解的具体步骤。

(1) 求解区域的绘制。

如图 3.5.5 所示。根据盘式电磁铁-铁磁平板系统尺寸图，利用基本封闭曲线(如矩形、圆、多边形)及其“+”“−”“*”的组合绘制轮廓图。绘图时，可以先在 PDE Toolbox 的绘图界面粗略绘制各图形，最后再双击各图形标号，输入精确尺寸进行定位。

将整个计算场域分为四个区域：铁磁平板区(矩形 R1)；盘式磁轭区(矩形 R3+R4+R5)；环形线圈区(矩形 R6)和空气区(R2−R1−R3−R4−R5−R6)。R2 为整个计算场域，R2=[0 −0.030 0.15 0.13]是其区域尺寸说明，(0，−0.030)为区域左下角坐标，0.15 为区域宽度，0.13 为区域高度。其他区域也有类似的尺寸说明。

将求解问题确定为 Magnetostatics(静磁场求解)，求解区域范围“Set formula”默认为 R1+R3+R4+R5+R6+R2。

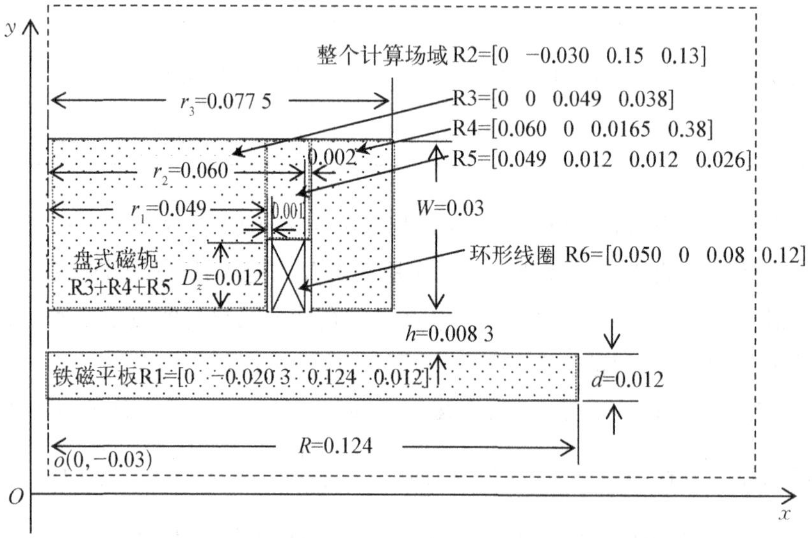

图 3.5.5 盘式电磁铁-铁磁平板系统区域划分及尺寸图

(2) 边界条件的设定。

在 Boundary 模式下，设 R2 上、下、右边界满足第二类边界条件(冯・诺依曼条件)，

R2 左边界满足第一类边界条件(狄里克雷条件),可分别选定并双击这些边界,在弹出的对话框中选定相应的边界条件,参数(相关系数)都为默认值。可以发现,冯·诺依曼边界的颜色变成了蓝色。

(3) 求解子区域的设置。

选择 PDE 菜单,进入 PDE Mode,使用 show subdomain levels 命令,可以看到各带编号的子区域(见图 3.5.6)。可见区域 1 为铁磁平板,区域 2、5、6 为盘式磁轭;区域 3 是环形线圈;区域 4 是空气。

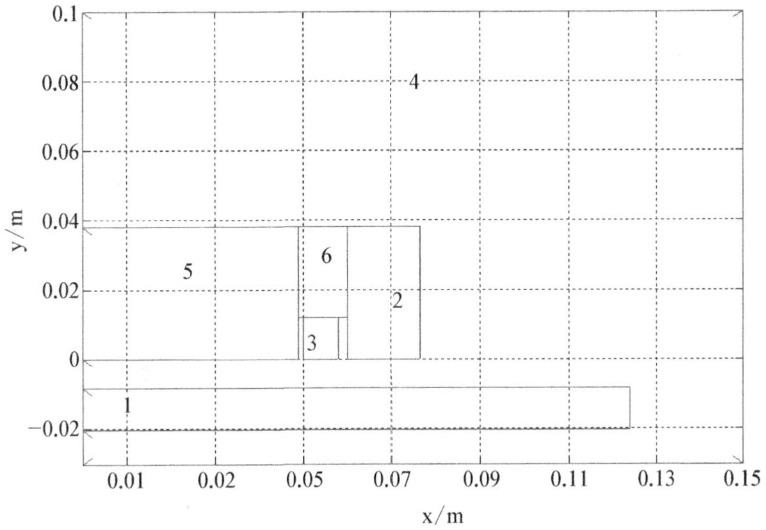

图 3.5.6　盘式电磁铁-铁磁平板场域中各个带编号的子区域

双击各个子区域,可弹出求解区域设置的对话框,分别输入各子区域内对应材料的相对磁导率(mu)和电流密度(J)。

由于励磁线圈磁导率都非常小,所以可以认为其磁导率(mu)为 μ_0,与空气 μ_0(即 $4\times 10^{-7}\pi$)相同。磁导率 μ 在盘式磁轭、铁磁平板区中为 $500\mu_0$(即 $500\times 4\times 10^{-7}\pi$),当忽略铁磁材料饱和的影响时,可把区域 1(铁磁平板)及区域 2、5、6(盘式磁轭)的 mu 值设置为 $500\mu_0$;已知励磁线圈 $I=2$ A,$N=180$,$D_R=r_2-r_1-0.003=0.008$ m,$D_z=0.012$ m,故区域 3 内的电流密度:

$$J=\frac{NI}{D_R D_z}=\frac{180\times 2}{0.008\times 0.012}=3\,750\,000\ (\mathrm{A/m})^2 \tag{3.5.9}$$

除了区域 3 外,其他区域的 J 都是 0。

(4) 网格的划分。

选择 PDE 菜单,进入 PDE Mode,使用 Initialize Mesh 命令生成有限元网格,再执行一次 Refine Mesh 命令细分网格,得到如图 3.5.7 所示的网格划分。

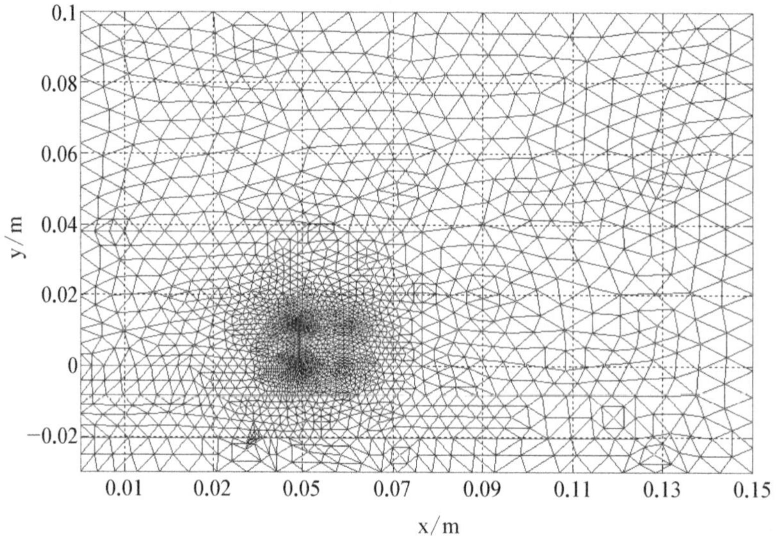

图 3.5.7 网格划分

(5) 求解有限元问题。

选择 Solve 菜单，执行 Parameters 命令，弹出求解器设置对话框，然后执行 Solve PDE 命令，稍等片刻，即可求解出该问题。

(6) 绘制磁场分布。

在 Plot 菜单，选择 Parameters 命令，弹出绘图设置对话框。选中 Color、Contour 和 Arrows 三项。设置 Color 项为 magnetic potential，选择 Arrows 项为 magnetic flux density，执行 Plot 命令后就得到了磁势、磁力线与磁感应强度 **B** 矢量的分布图，如图 3.5.8 所示。

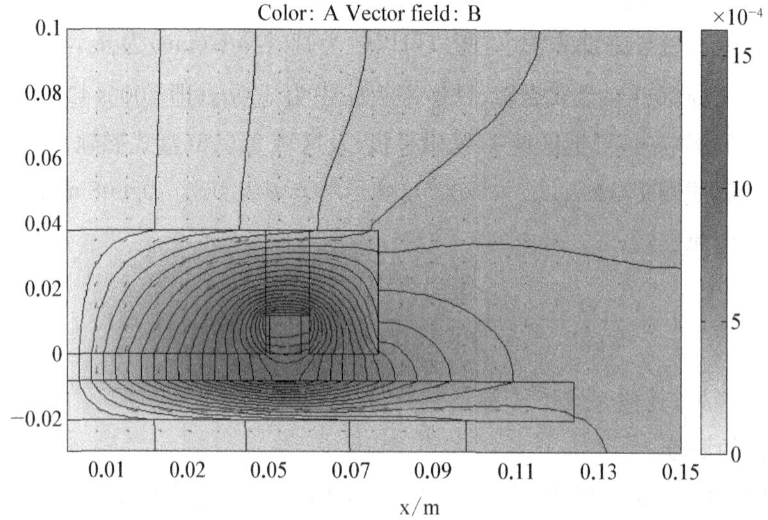

图 3.5.8 磁势、磁力线与磁感应强度 ***B*** 矢量的分布图(平行平面二维场)

选择 Color 项为 magnetic flux density,设置 Arrows 项为 magnetic flux density,执行 Plot 命令后就得到了磁感应强度绝对值、等磁感应强度线与磁感应强度 ***B*** 矢量的分布图,如图 3.5.9 所示。

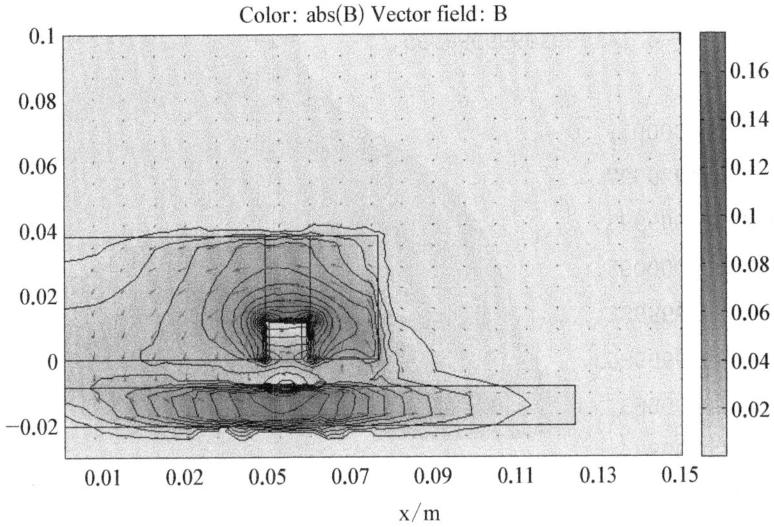

图 3.5.9 磁感应强度绝对值、等磁感应强度线与磁感应强度 *B* 矢量的分布图(平行平面二维场)

在 MATLAB 的 PDE Toolbox 用户界面中,当用户用鼠标单击图 3.5.9 中气隙上某一点(即按住鼠标左键不松手)时,屏幕左下方会显示该点的有限元三角剖分点编号和该点的磁感应强度绝对值,屏幕右上方则会显示该点的 xy 坐标。选择菜单栏 File 的 Save As 选项可保存上述的盘式电磁铁-铁磁平板的 MATLAB PDE Toolbox 磁场仿真程序 shiyan5_PDETool_BxBy. m。

```
% This script is written and read by pdetool and should NOT be edited.
% There are two recommended alternatives:
% 1) Export the required variables from pdetool and create a MATLAB script
%     to perform operations on these.
% 2) Define the problem completely using a MATLAB script. See
%     http://www.mathworks.com/help/pde/examples/index.html for examples
%     of this approach.
function pdemodel
[pde_fig,ax] = pdeinit;
pdetool('appl_cb',6);
set(ax,'DataAspectRatio',[1 1.3 1]);
```

```
set(ax,'PlotBoxAspectRatio',[1.1538461538461537 0.76923076923076916
15.384615384615383]);
set(ax,'XLim',[0 0.14999999999999999]);
set(ax,'YLim',[-0.029999999999999999 0.10000000000000001]);
set(ax,'XTick',[ -0.14999999999999999,...
-0.13,...
-0.11000000000000001,...
-0.089999999999999997,...
-0.069999999999999993,...
-0.050000000000000003,...
-0.029999999999999982,...
-0.0099999999999999863,...
0.0099999999999999863,...
0.029999999999999982,...
0.050000000000000003,...
0.069999999999999993,...
0.089999999999999997,...
0.11000000000000001,...
0.13,...
0.14999999999999999,...
]);
set(ax,'YTickMode','auto');
pdetool('gridon','on');

% Geometry description:
pderect([0.124 0 -0.020299999999999999 -0.0082999999999999984],'R1');
pderect([0.049000000000000002 0 0 0.037999999999999999],'R3');
pderect([0.076499999999999999 0.059999999999999998 0 0.038000000000000006],
'R4');
pderect([0.049000000000000002 0.059999999999999998 0.037999999999999999
0.012],'R5');
pderect([0.058000000000000001 0.050000000000000003 0 0.012000000000000004],
'R6');
pderect([0 0.14999999999999999 0.10000000000000001 -0.029999999999999999],
'R2');
```

```
set(findobj(get(pde_fig,'Children'),'Tag','PDEEval'),'String','R1 + R3 + R4 + R5 +
R6 + R2')

% Boundary conditions:
pdetool('changemode',0)
pdesetbd(27,...
'dir',...
1,...
'1',...
'0')
pdesetbd(26,...
'dir',...
1,...
'1',...
'0')
pdesetbd(25,...
'dir',...
1,...
'1',...
'0')
pdesetbd(24,...
'dir',...
1,...
'1',...
'0')
pdesetbd(23,...
'dir',...
1,...
'1',...
'0')
pdesetbd(9,...
'neu',...
1,...
'0',...
'0')
```

```
pdesetbd(8,...
'neu',...
1,...
'0',...
'0')
pdesetbd(7,...
'neu',...
1,...
'0',...
'0')

% Mesh generation:
setappdata(pde_fig,'Hgrad',1.3);
setappdata(pde_fig,'refinemethod','regular');
setappdata(pde_fig,'jiggle',char('on','mean',''));
setappdata(pde_fig,'MesherVersion','preR2013a');
pdetool('initmesh')
pdetool('refine')

% PDE coefficients:
pdeseteq(1,...
'1./(500*4*3.1415926*1e-7)! 1./(500*4*3.1415926*1e-7)! 1./(1*4*
3.1415926*1e-7)! 1./(1*4*3.1415926*1e-7)! 1./(500*4*3.1415926*1e-
7)! 1./(500*4*3.1415926*1e-7)',...
'0.0! 0.0! 0.0! 0.0! 0.0! 0.0',...
'0! 0! 3750000! 0! 0! 0',...
'1.0! 1.0! 1.0! 1.0! 1.0! 1.0',...
'0:10',...
'0.0',...
'0.0',...
'[0 100]')
setappdata(pde_fig,'currparam',...
['500*4*3.1415926*1e-7! 500*4*3.1415926*1e-7! 1*4*3.1415926*1e-
7! 1*4*3.1415926*1e-7! 500*4*3.1415926*1e-7! 500*4*3.1415926*1e-
7';...
```

```
'0! 0! 3750000! 0! 0! 0'])

% Solve parameters:
setappdata(pde_fig,'solveparam',...
char('0','5790','10','pdeadworst',...
'0.5','longest','0','1e-4','','fixed','inf'))

% Plotflags and user data strings:
setappdata(pde_fig,'plotflags',[2 1 1 1 1 1 1 1 0 0 0 1 1 1 0 1 0 1]);
setappdata(pde_fig,'colstring','');
setappdata(pde_fig,'arrowstring','');
setappdata(pde_fig,'deformstring','');
setappdata(pde_fig,'heightstring','');

% Solve PDE:
pdetool('solve')
```

4) 应用 PDE Toolbox 仿真“盘式电磁铁-铁磁平板”轴对称二维磁场分布

在轴对称二维场中，采用圆柱坐标系统(ρ,z,θ)。假定电流方向平行于θ轴，于是磁矢位$\boldsymbol{A}$仅存在θ分量：$\boldsymbol{A}=(0,0,A_\theta)$，$\boldsymbol{J}=(0,0,J_\theta)$。

轴对称二维场的双旋度方程可以简化为标量$u=\rho A_\theta$的椭圆形偏微分方程：

$$\nabla_{xyz}\times\left(\frac{1}{\mu\rho}\nabla_{xyz}\rho A_\theta\right)=J_\theta \tag{3.5.10}$$

轴对称二维场的磁感应强度：

$$\boldsymbol{B}_{轴对称}=\frac{1}{\rho}\nabla_{xyz}\rho A_\theta \tag{3.5.11}$$

对照式(3.5.7)和式(3.5.10)可知，应用 PDE Toolbox 求解平行平面二维场时，只要将盘式电磁铁-铁磁平板系统所有场域的磁导率μ都乘以ρ，即乘以(x,y,z)坐标系统的x，这样求解出的标量u即为ρA_θ。再对照式(3.5.8)和(3.5.11)可知，上述求解出的磁感应强度都除以(x,y,z)坐标系统的x，即为轴对称二维场的磁感应强度$\boldsymbol{B}_{轴对称}$。

下面给出采用 PDE Toolbox，对轴对称二维磁场进行有限元求解的具体步骤。

(1) 打开 PDE Toolbox 工具箱，调出 MATLAB 程序。

首先打开 MATLAB，在命令行输入“pdetool”打开 PDE 工具箱，如图 3.5.10 所示。

>> pdetool

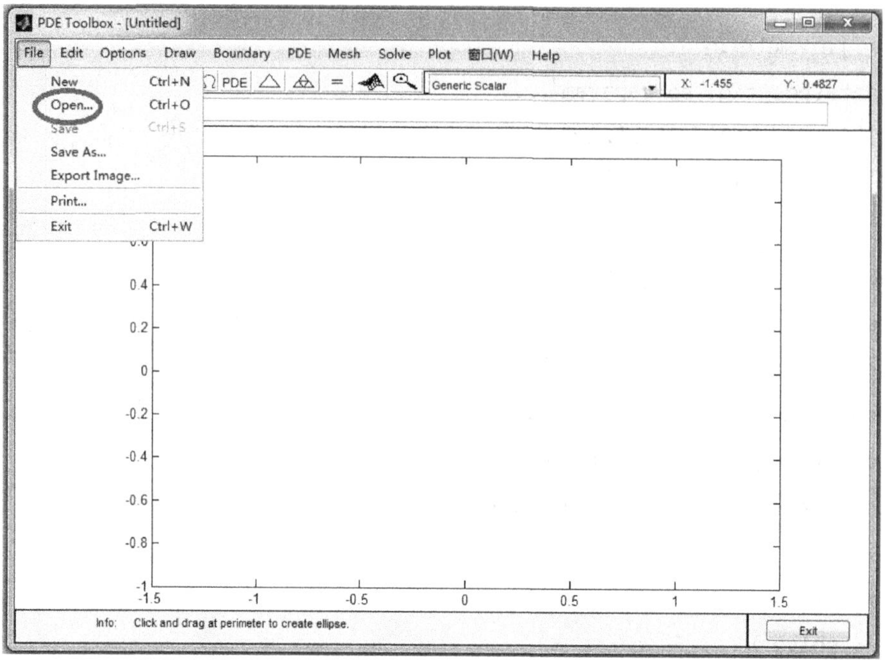

图 3.5.10 打开磁场仿真程序 shiyan5_PDETool_BxBy. m

使用菜单 File 下的 Open 打开原来保存的 MATLAB PDE Toolbox 磁场仿真程序 shiyan5_PDETool_BxBy. m。

(2) 选择 PDE 菜单，进入 PDE Mode，设置磁导率 mu 和电流密度 J。

单击菜单 PDE，显示如图 3.5.11 所示。

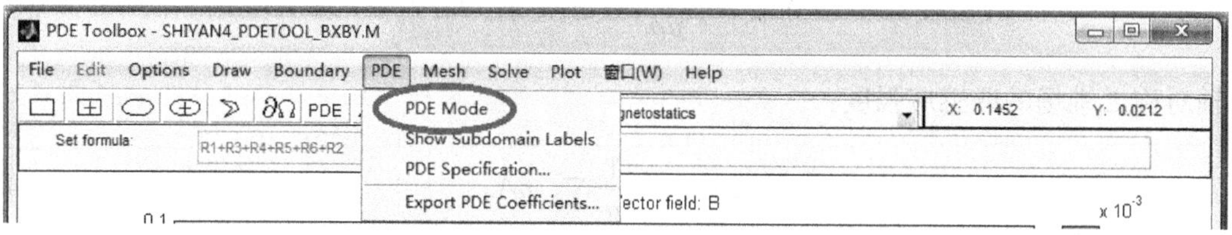

图 3.5.11 PDE Mode 模式选择

选择 PDE Mode 模式，选中并双击环形线圈 R6(即图 3.5.6 中的区域 3)，如图 3.5.12 所示，弹出 PDE Specification 对话框，将 mu 由 1 * 4 * 3.1415926 * 1e-7 修改为 1 * 4 * 3.1415926 * 1e-7 * x，J 设置为 3750000，单击 OK 进行确认。

同样地，在图 3.5.12 中，再选中并双击 R2(即图 3.5.6 中的区域 4)，将 mu 由 1 * 4 * 3.1415926 * 1e-7 修改为 1 * 4 * 3.1415926 * 1e-7 * x，J 设置为 0；然后再分别选中并双击 R1、R3、R4、R5(即图 3.5.6 中的区域 1、5、2、6)，将 mu 由 500 * 4 * 3.1415926 * 1e-7 修改为 500 * 4 * 3.1415926 * 1e-7 * x，J 设置为 0。

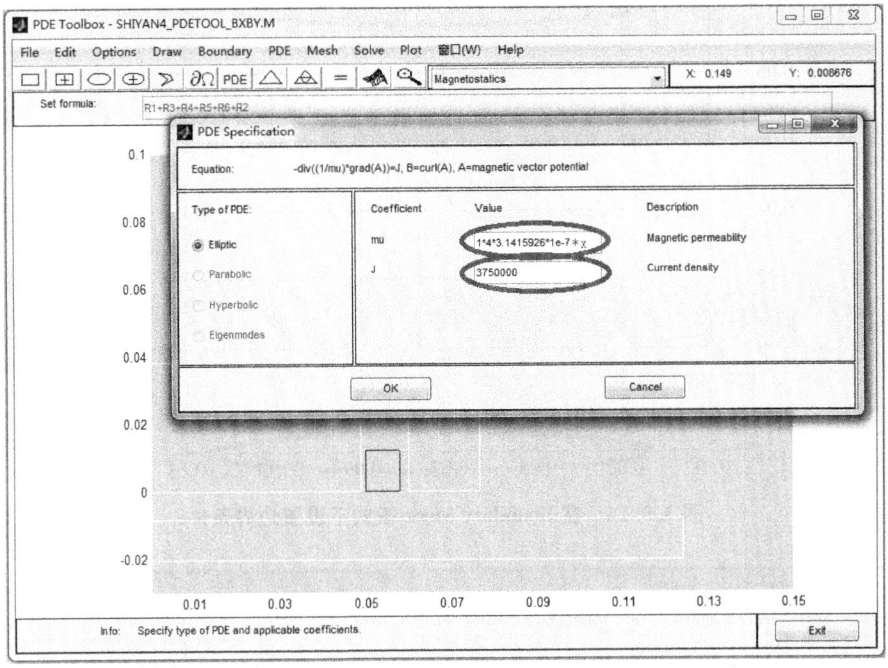

图 3.5.12 双击环形线圈,弹出 PDE Specification 对话框

(3) 选择 Boundary 菜单,单击 Boundary Mode,设置边界条件。

如图 3.5.13 所示,单击 Boundary Mode 进入设置边界模式。

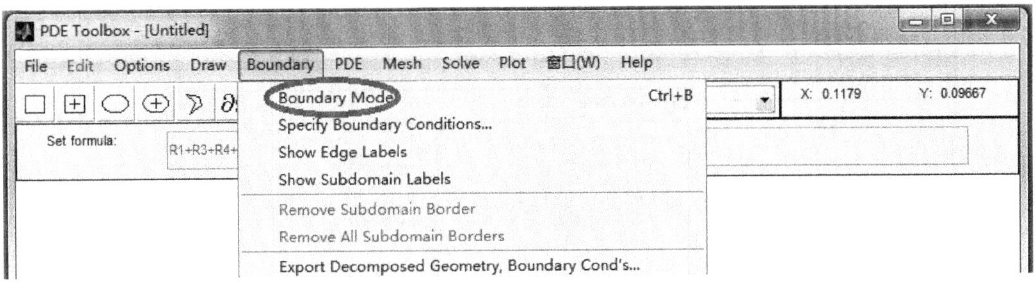

图 3.5.13 Boundary Mode 模式

如图 3.5.14 所示,选中并双击 R2 左边界,在弹出的对话框中选定边界条件为 Dirichlet,再分别选定并双击 R2 的上、下、右边界,在弹出的对话框中选定相应的边界条件为 Neumann 条件,其他相关系数采用默认值,设置为 Neumann 边界的颜色变成了蓝色。

(4) 选择 Solve 菜单,单击 Parameters...,使用非线性解。

如图 3.5.15 所示,选择菜单 Solve,单击 Parameters...。

如图 3.5.16 所示,弹出 Solver Parameters 对话框,选中 Use nonlinear solver,单击 OK 进行确认。

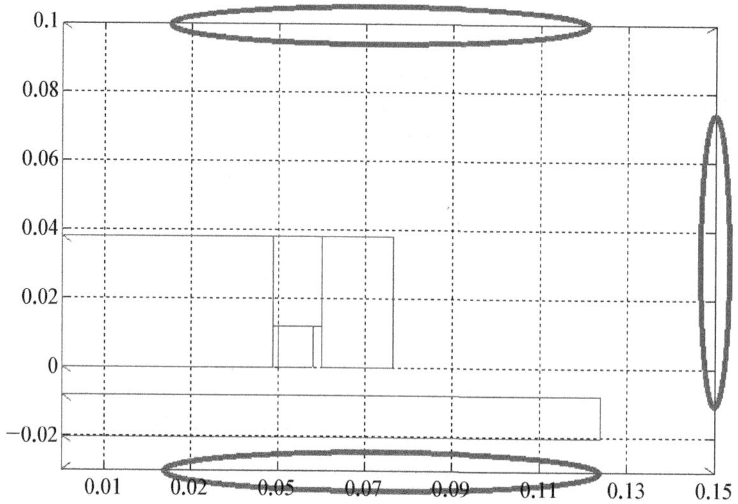

图 3.5.14 在 Boundary Mode 模式下设置边界条件

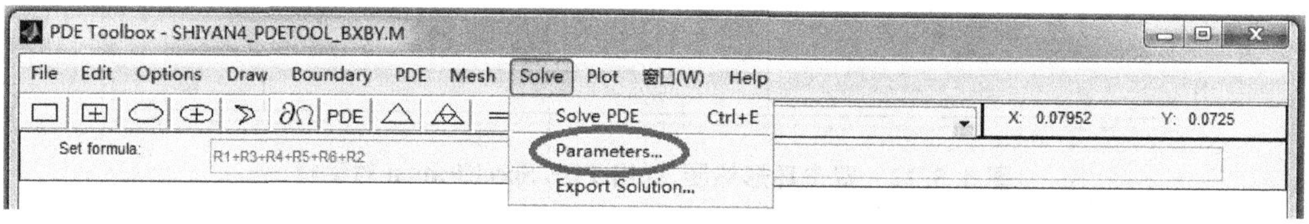

图 3.5.15 选择菜单 Solve,单击 Parameters...

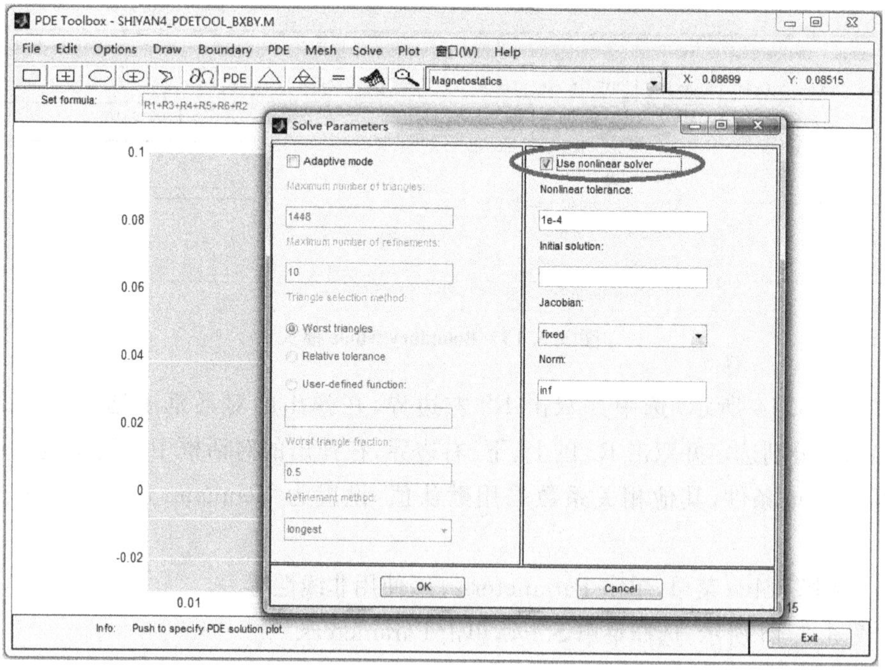

图 3.5.16 Solver Parameters 对话框

（5）选择 Solve 菜单，单击 Solve PDE 求解有限元问题。

如图 3.5.17 所示，选择 Solve 菜单，单击 Solve PDE 求解有限元问题。

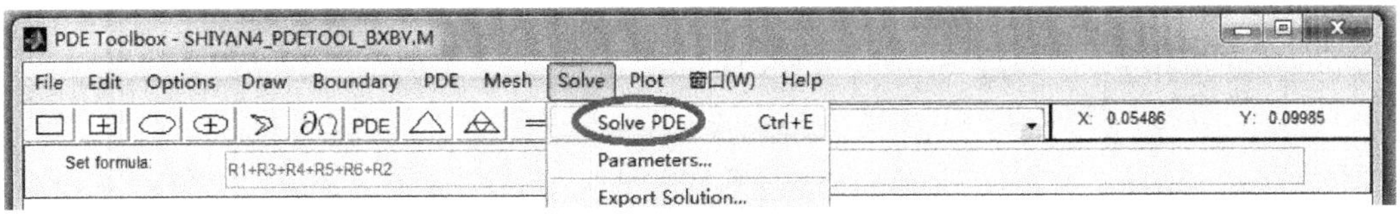

图 3.5.17　选择 Solve PDE 子菜单

（6）选择 Plot 菜单，选择 Plot 绘图参数并绘制磁场分布图。

如图 3.5.18 所示，选择 Plot 菜单，单击 Parameters...。

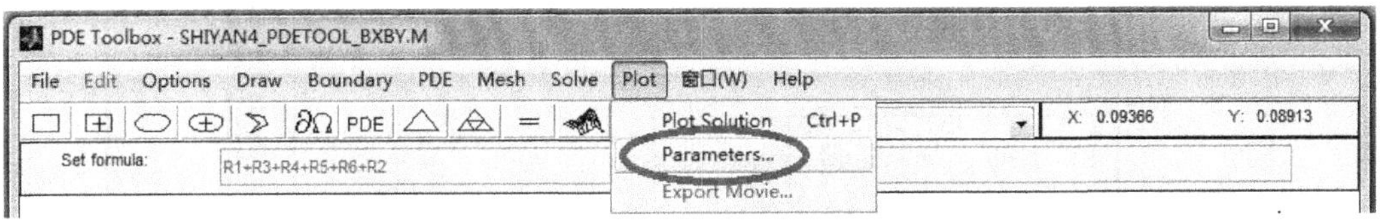

图 3.5.18　选择 Plot 菜单，单击 Parameters...

弹出如图 3.5.19 所示的 Plot Selection 对话框。

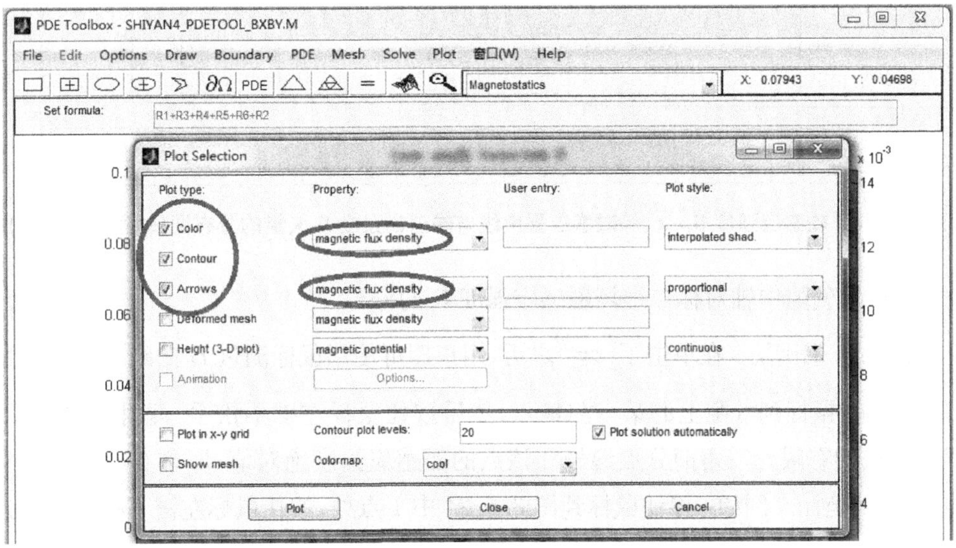

图 3.5.19　Plot Selection 对话框

选中 Color、Contour 和 Arrows 三项。设置 Color 项为 magnetic flux density，设置 Arrows 项为 magnetic flux density，单击 Plot 和 Close 后就得到了磁感应强度 $B*x$、等磁感应强度线与磁感应强度 $\boldsymbol{B}$ 矢量的分布图。接下来，再单击🔍，选择要放大显示的区域，如图 3.5.20 所示，移动鼠标到“1”点，按住鼠标左键不松手，然后拖拽鼠标至“2”点再松开，就可获得如图 3.5.21 所示的放大显示区域。

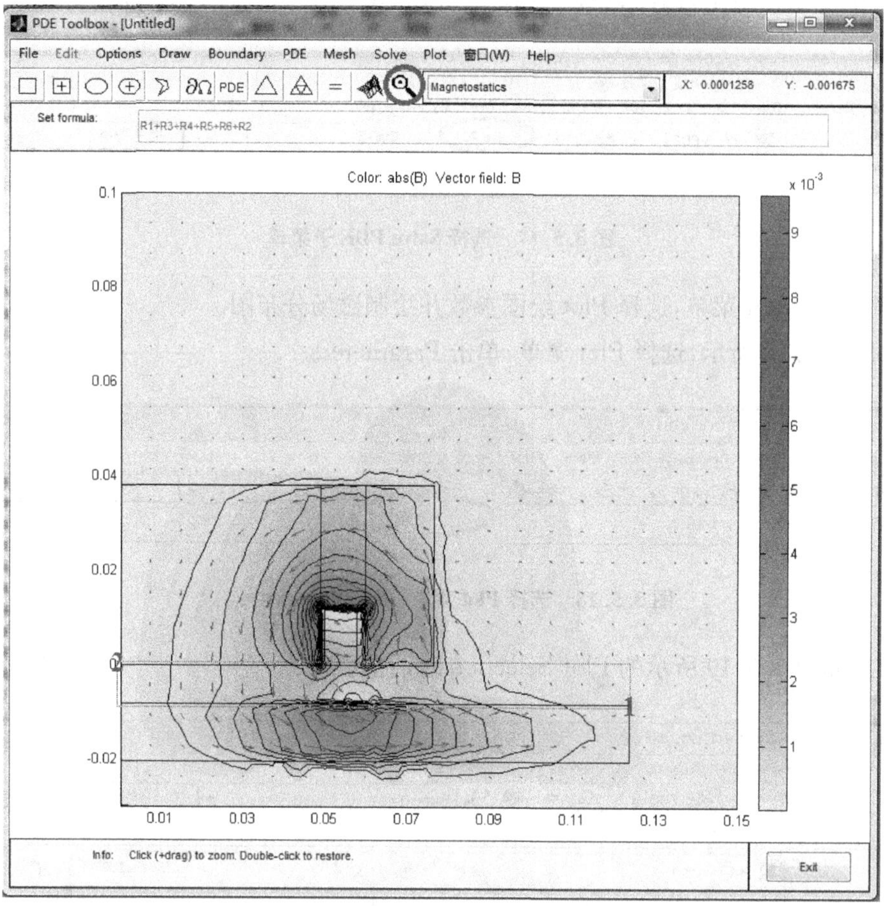

图 3.5.20　磁感应强度 $B*x$、等磁感应强度线与磁感应强度 B 矢量的分布图(轴对称二维场)

(7) 计算气隙中轴对称二维场磁感应强度 $\boldsymbol{B}$ 的分布。

如图 3.5.21 所示，在单击了 = 之后，用户即可使用鼠标测量 B 的绝对值。测量方法如下：移动鼠标到气隙上的某一测量点，然后按住鼠标左键不松手，此时，屏幕左下方会显示该点的有限元三角剖分点编号和该点的磁感应强度绝对值，屏幕右上方则会显示该点的 x、y 坐标。例如：移动鼠标到图 3.5.21 中 1 点处，按住鼠标左键不松手，此时，屏幕左下方显示"info：Triangle no 3075. Value of abs(B)：0.00037232"，屏幕右上方显示"X：0.009991：−0.05296"。

根据式(3.5.11)可知，1 点处轴对称场的磁感应强度 $\text{abs}(B_{轴对称})=\text{abs}(B)/x=0.00037232/0.009991=0.0372655(\text{mT})\approx 373(\text{Gs})$。同理可得 2、4、5、55、6、8、10、12 点处轴对称场的磁感应强度。这些有限元仿真值 $B=\text{abs}(B_{轴对称})$ 如表 3.5.2 所示。

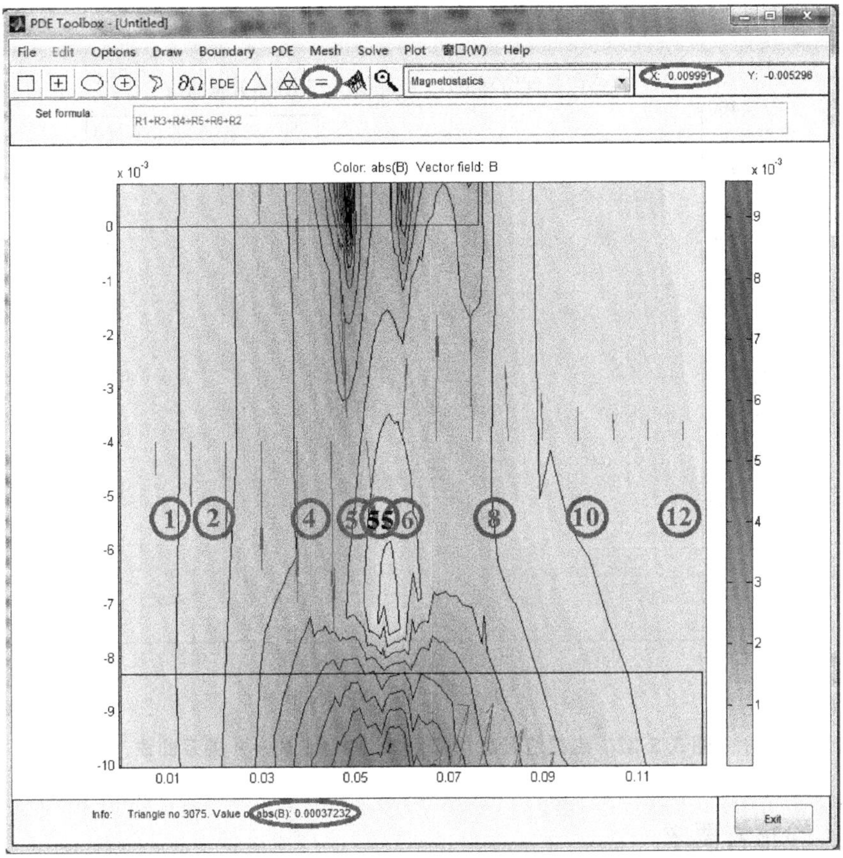

图 3.5.21　使用鼠标测量 *B* 的绝对值

在励磁线圈电流 $I=2$ A 时，实测的 B_z 和 B_ρ 值如表 3.5.2 所示。

表 3.5.2　*x* 轴线处 $B_z e_z$、$B_\rho e_\rho$ 的分布

$P(x,-0.053)$点横坐标 x/m	0.00	0.01	0.02	0.04	0.05	0.055	0.06	0.08	0.10	0.12
$B=$仿真值 abs($B_{轴对称}$)/Gs		373	378	369	265	121	122	105	39	16
实测值 B_z/Gs	N 371	N 372	N 371	N 365	N 210	N 102	S 280	S 112	S 33	S 17
实测值 B_ρ/Gs	N 15	N 20	N 17	N 23	N 84	N 99	N 65	S 31	S 5	S 1
$B'=\sqrt{B_z^2+B_\rho^2}$ /Gs	371	373	371	366	226	142	103	116	33	17

3. 实验内容

采用 PDE Toolbox 仿真轴对称“盘式电磁铁-铁磁平板”系统($h=\delta=0.0083$ m)的磁场分布，绘制磁感应强度仿真值 $B=\text{abs}(B_{轴对称})$(Gs)、实测值 $B'=\sqrt{B_z^2+B_\rho^2}$ (Gs)与

$P(x,-0.053)$点坐标 x(m)的关系曲线。参考仿真结果如图 3.5.22 所示。

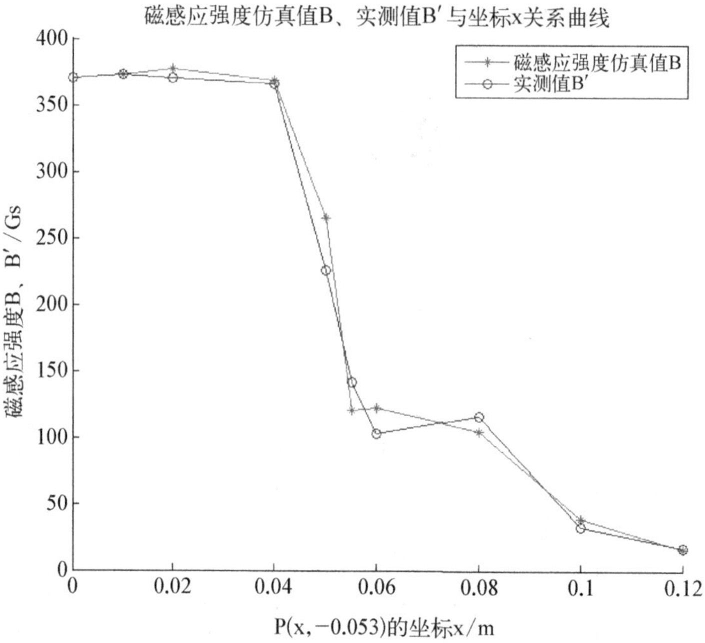

图 3.5.22　磁感应强度仿真值 B、实测值 B'～x 关系曲线

4. 实验报告要求

(1) 简单阐述采用 PDE Toolbox 进行磁场有限元求解的主要步骤,给出"盘式电磁铁-铁磁平板"二维轴对称场的磁场仿真程序。

(2) 给出磁感应强度仿真值 $\boldsymbol{B}=\mathrm{abs}(\boldsymbol{B}_{轴对称})$ (Gs)、实测值 $B'=\sqrt{B_z^2+B_\rho^2}$ (Gs)与 $P(x,-0.053)$的坐标 x(m)的关系曲线绘图源程序,并分析磁感应强度沿径向分布的变化。

(3) 如果单独进行仿真实验,请解答 2.5 盘式电磁铁实验中的思考题。

附录 A
主要仪器操作介绍

A.1 TD8650 数字特斯拉计

1) TD8650 型智能化程控数字特斯拉计技术指标

- 测量范围：0～3 000 mT；
- 工作量程：共 3 档，30 mT、300 mT、3 000 mT；
- 最小分辨率：0.01 mT；
- 直流测试精度优于 0.5%；
- 交流测试精度优于 2%；
- 供电 220 V，供电频率 50～60 Hz；
- 储存温度：−20～70℃。
- 质量：约 3 kg。

2) 横向探棒使用方法简介

下面以横向探棒为例说明其使用方法。如图 A.1.1 所示为霍尔探头上的霍尔传感器，当需要测量某点的磁场时，务必使该传感器位于需要测量的磁场中心。

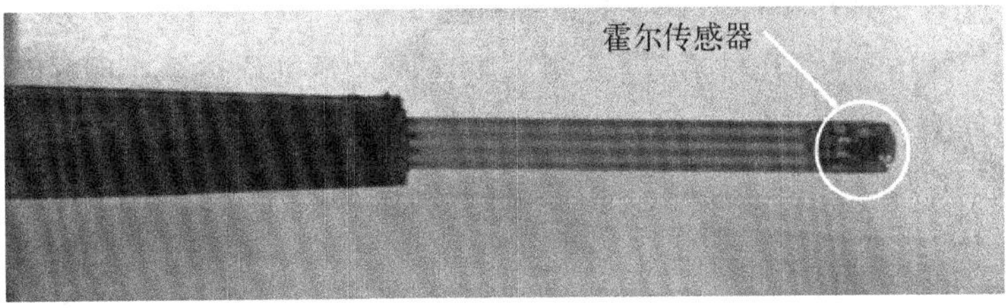

图 A.1.1 霍尔传感器

如图 A.1.2 所示为测量磁场时，务必使磁场方向垂直于霍尔传感器的平面。

探棒传感器测量时前端的霍尔元件在与被测磁场的磁力线垂直的方向穿过，如图 A.1.3(a)所示。手持探棒测量交直流磁场的说明如图 A.1.3(b)(c)所示。手握探棒，用传感器前端霍尔元件面(贴尺寸标示面)置于所测的空间磁场位置，或轻轻接触被测磁体的表面。

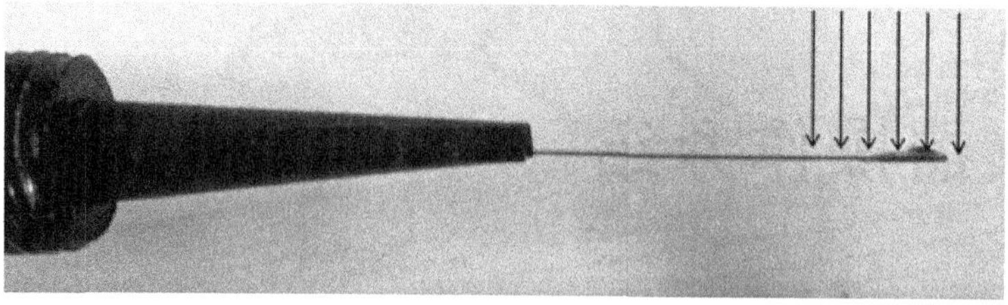

图 A.1.2　测量磁场摆放位置

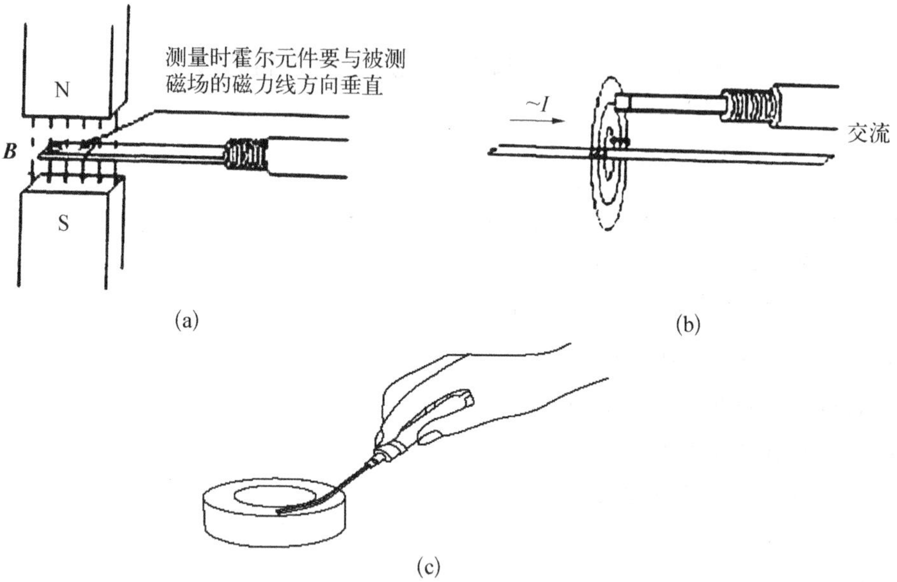

(a)　　(b)

(c)

图 A.1.3　横向探棒测量磁场方法

3）TD8650 数字特斯拉计的使用说明

TD8650 数字特斯拉计的前面板如图 A.1.4 所示，其按键说明如表 A.1.1 所示。

4）TD8650 数字特斯拉计的操作和按键说明

开机后，显示开机界面几秒后，进入测试主界面。开机预热半小时，可进行测试。开机时默认界面如图 A.1.5 所示。

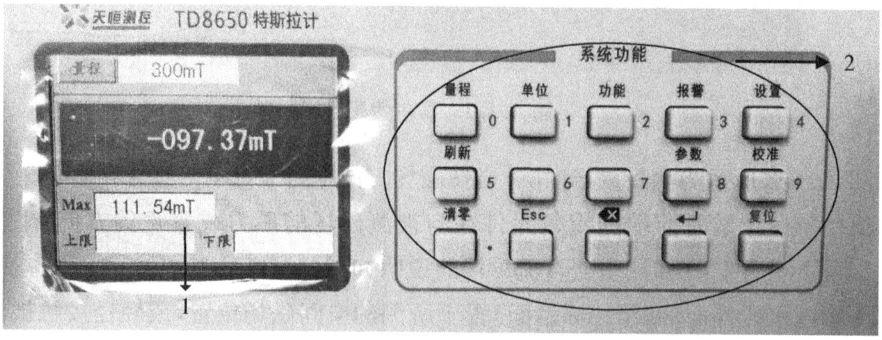

图 A.1.4　前面板图

表 A.1.1　TD8650 数字特斯拉计按键说明

面　板　设　置	功　能　说　明
1	显示屏
2	系统功能键
量程/0	复用键 ● 量程切换，分别是 30 mT、300 mT、3 000 mT； ● 数字键 0
单位/1	复用键 ● 切换磁感应强度 ***B*** 的单位； ● 数字键 1
功能/2	复用键 ● 若客户购买交换磁场测量功能，按此键，切换直流/交流模式； ● 数字键 2
报警/3	复用键 ● 按此键，进入报警设置界面； ● 输入数字 3
设置/4	复用键 ● 进入设置菜单，可以设置相关的系统参数； ● 数字键 4
刷新/5	复用键 ● 刷新最大值； ● 输入数字 5
6	数字键 6
7	数字键 7
8	数字键 8
校准/9	用户一般无须使用此键
清零	霍尔探头置入零磁场屏蔽腔中，按此键，进行零点校准
Esc	取消键，退出当前功能键
	删除键

续 表

面 板 设 置	功 能 说 明
	一般作确认键使用
复位	此键只用于校准时的负号输入，用户一般无须使用

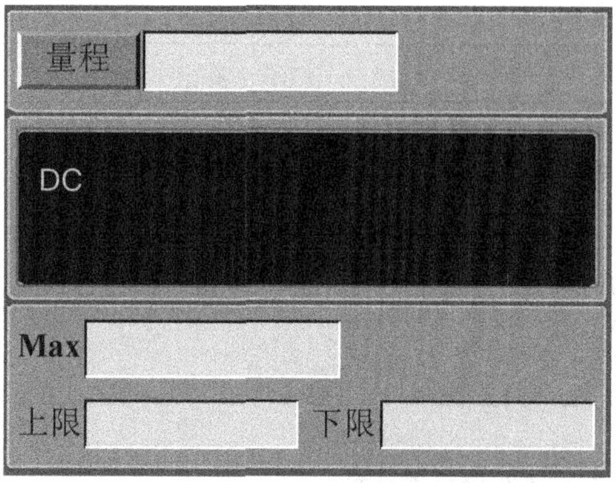

图 A.1.5 默认界面(直流模式)

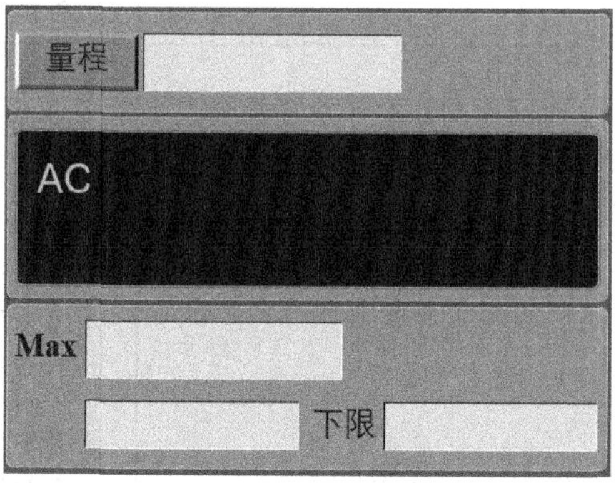

图 A.1.6 交流模式界面

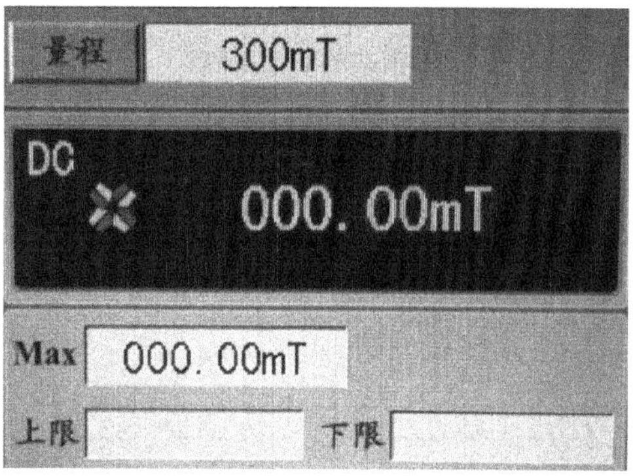

图 A.1.7 磁场强度 B 显示

按功能键可切换至交流模式界面，如图 A.1.6 所示。

按量程键，切换不同量程进行测量，如图 A.1.7 所示。

按单位键，界面上可切换磁感应强度 B 的单位，分别是 mT 或 Gs。

设备连接霍尔探头后，将霍尔探头置于磁场中，并使之与磁场方向垂直，此时设备的显示值为磁感应强度值。

A.2 HT201 型数字高斯计

1）工作原理

高斯计采用的传感器是基于霍尔效应原理制成的传感器，即霍尔传感器。制备成矩形的半导体薄片(即霍尔元件)置于磁场中，当有电流流过其对应侧时，则在垂直于电流和磁场方向上的另一对应侧上将呈现霍尔电压 V_h，这一物理现象称为霍尔效应。

2) 使用方法

该仪器有 200 mT(分辨力 0.01 mT)和 2 000 mT(分辨力 0.1 mT)两档量程，具有峰值保持、mT/Gs 单位转换和按键自动调零等功能。该仪器配套的传感器有纵向传感器和横向传感器两种，纵向传感器用于测量载流线圈上半空间沿轴线处的磁感应强度 B_z 分布，横向传感器测量盘式电磁铁系统圆铁板上表面 x 轴上的磁感应强度 B_z 分布。

(1) 横向传感器：手握高斯计横向传感器，用其前端霍尔元件凹面(即标记为零刻度线处的带圆点标示面)轻轻接触被测磁体的表面或所测的空间磁场。测量时，注意前端的霍尔元件凹面应与被测磁场的磁场线方向相互垂直，切忌将传感器用力压在被测物体表面，因这样很易损坏传感器。

(2) 纵向传感器：实验中，将高斯计纵向传感器插入已安置于 z 轴、标有刻度的有机玻璃套管内，即可通过沿 z 轴提升或下移该纵向传感器，由其顶端霍尔元件片(设为零刻度基准面)在有机玻璃套管内的相对位置，测定沿 z 轴任意指定场点处的磁感应强度 B_z 值。

(3) 电源开关(ON/OFF 键)：可开启或关闭高斯计(对应地开启或关闭液晶显示屏)。

(4) 量程选择(RANGE 键)：测量范围有 0～200 mT 和 0～2 000 mT 两个挡位可供选择，如图 A.2.1 所示。

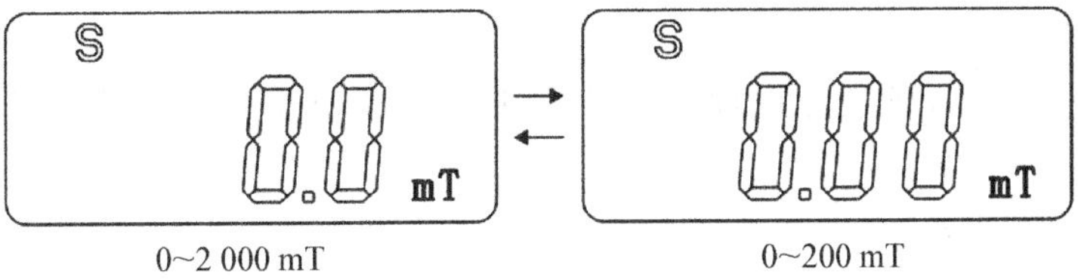

图 A.2.1 量程选择

(5) 测量单位选择(mT/Gs 键)：可选择单位 mT 或 Gs，如图 A.2.2 所示(注：1 T=10^4 Gs)。

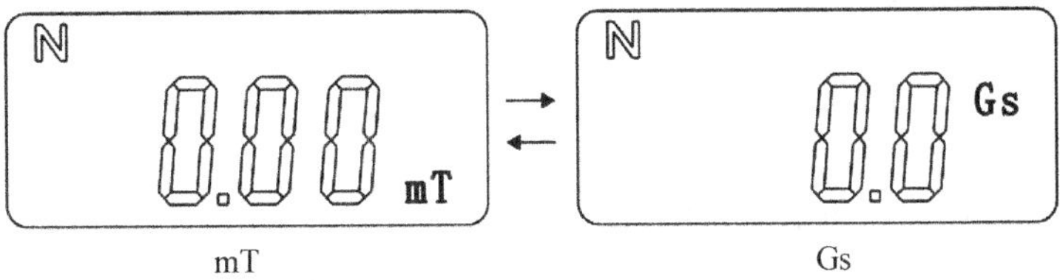

图 A.2.2 测量单位选择

(6) 测量模式选择(DC/AC 键)：DC 对应于恒定磁场；AC 对应于时变磁场。在测恒定磁场时会伴随“N”或“S”极性显示，如图 A.2.3 所示。

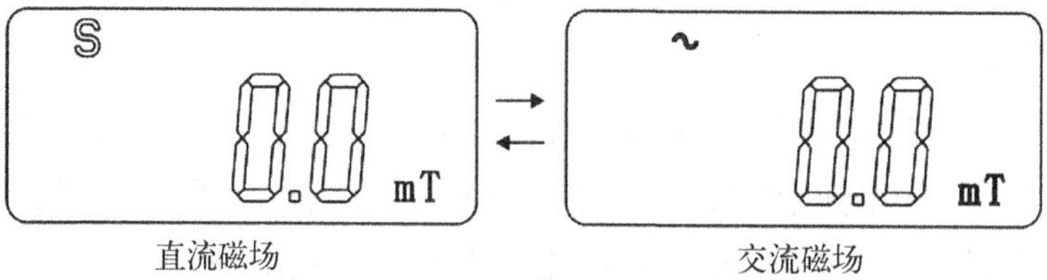

图 A. 2. 3　测量模式选择

(7) 在非保持的状态下将传感器远离磁场，如显示屏上显示不为 0，可按 ZERO/RESET 键(调零/重置峰值键)，使之为 0。

注意：高斯计传感器初始读数置零的操作是保证磁感应强度测量精度的前提条件。此外，如测量中需要转换量程或转换测量模式，都必须重新调零，再行测量。

(8) 测试完毕后，请将传感器的保护套旋上，并将电池取出放于元件盒中(以延长电池使用寿命)。

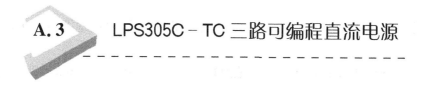

A. 3　LPS305C - TC 三路可编程直流电源

LPS305C - TC 三路可编程直流电源的使用方法如下。

1) 通道操作

在电压设置 V-set 或电流设置 I-set 灯亮的状态，按 Local 操作键可在三个通道间进行切换。

2) On/Off 输出设定

在面板操作情况下，可用 On/Off 键来控制所有通道的输出开关状态，也可按下单路的开关键 Shift+数字键来控制某一通道的输出开关状态(数字键 1 控制第一通道的输出状态，数字键 2 控制第二通道的输出状态，数字键 3 控制第三通道的输出状态)。输出开关操作不影响当前的设定值，输出开关串/并联设置影响输出开关的操作。

注意：On/Off 键会同时控制三个通道，要控制单个通道的输出状态，请使用单通道的开关键。

3) 电流操作

有两种方法可以改变当前通道电流值。

方法一：按 Local 键切换通道，按 I-set 键+数字键，按 Enter 键确认，可直接设置当前通道的电流值。

方法二：按下 I-set 键，按键可调整光标位，转动旋钮或按上下键可改变所选光标上的数字，即可设置电流值。按 Esc 退出或 Enter 键确认。

注意： 当旋钮功能允许时，直接旋转旋钮设置电压、电流值，不需按 Enter 键确认。

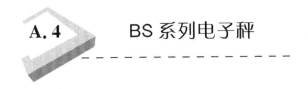

A.4 BS 系列电子秤

1）使用方法

将电子秤置于结实平整的台面上，利用水平仪将电子秤调平，使用专用秤盘时，必须先放秤盘，然后开启电源，使零位标志点亮，决不能长期在“去皮”标志点亮的情况下使用，否则零位自动跟踪功能消失，零位会产生漂移。

(1) 开机：打开电源，系统显示笔画及自检，然后进入正常称量状态。

(2) “置零”键：质量显示为零。置零范围 4%FS，去皮状态下无效。

(3) “去皮”键：最大去皮范围为 1/3 满量程。按此键，质量显示为零，并点亮去皮标志。将原称量物取下，质量显示为负值，按“去皮”键，称量复零，去皮标志熄灭。

(4) “0～9”键：输入数据，单重窗显示从右到左循环输入。隔 3 s 后，按任一数字键，均可清除原数据，并同时输入该键的数字。

(5) “清除”键：在称量状态下，按此键清除单重。

(6) “累计”键：按此键进入计数累计状态（数量为零时无效）。此时，质量窗显示 Add，单重窗显示 X，其中 X 表示累计的次数，个数窗显示累计总个数。在累计状态下，除“累计”键外，按任何键均可恢复称量状态，等待下一次累计，原累计数据均保存在内存中。

(7) “清累”键：清除内存累计数据，退出累计状态，“累计”标志消失。

(8) “取样”键：在秤上放足样品，以数字键输入取样数量（显示在单重窗），待质量稳定后按此键，此时所设定个数将显示在个数窗，单重窗则显示根据取样计算出的单重值。如果计算出的单重值小于分度值的 80%，则单重不足标志点亮。如果取样的质量小于分度值的 4 倍，则取样不足标志点亮。

如需更改取样数量，可先按“清除”键，再输入新数量。若前次设定已超过 3 s，则免按“清除”键，直接输入新数量即可。单重最多为四位小数时，单重值最大不能超过 1 kg，否则会出现计算错误。

(9) 开/关背光：按住“置零”键 3～4 秒，背光被打开或关闭。

(10) 调单重小数位数：通过键盘输入单重时，当单重为零时，按数字键“0”可以修改单重小数部分的位数。

(11) 修改称重速度：在正常工作状态下，同时按“取样”“5”，质量窗显示“SPEED”，单重窗显示当前速度“SPD *”，数量窗无显示，按“去皮”键，选择称量速度，按“累计”键确认。称量速度数值越大，称量速度越慢，抗震性能越好。

(12) 报警显示。

① 当被称物超过 100%FS+9d 时，质量显示为“———————”，并连续发声报警。如 ADC 转换溢出，质量显示为“—Adc—”，并连续发声报警。以上情况应将被称物取下或送修。

② 当数量或累计数量超过 99999，数量显示为“—OF—”。如果累计的次数超过 100 次，系统将不响应，而原数据仍保持。

③ 如电池电压不足，则开机后质量为零时，质量窗显示为“—Lb—”，如加载，则显示恢复正常，此时可短时间再使用，但应尽快插上交流电插头，对电池充电。同时仍可开机使用，关机充电时，质量窗显示“—AC—”，开机充电且质量为 0 时，质量窗显示“—AC—”。

④ 当开机的底秤超过出厂前设定的允许范围，称量显示为“HHHHH”或“LLLLL”，表示底秤过高或过低。

⑤ 如果称量显示为“—SYS—”，系统参数错误，应送修。

⑥ 自检完后，如果称量显示“Err—2”，说明称量不稳，应参照下述的“常见故障及其排除”中的“(1) 称量不稳”部分进行排除。

2) 天平的质量标定

(1) 按住设定键不放，直到质量窗出现“—CAL. —”，单重窗和数量窗出现 0 或者很小的数字。

(2) 质量标定。

① 满量程标定：在秤台上放足砝码，等稳定后按“累计”键，满量程标定结束。

② 任意点标定：按“去皮”键，质量窗出现“——————”，单重窗和数量窗没有变化，输入要加载的质量，输入的质量显示在质量窗；然后在秤台上放足砝码，等稳定后按“累计”键，标定结束。

3) 常见故障及其排除

(1) 称量不稳。

① 电池电压不足：关机，充电满 12 h 以上再使用。

② 台面强度太低或周围环境振动太大：加固台面，避开振动场合。

③ 受到风的吹动影响(如电风扇)：采用加玻璃罩等措施，减少风的影响。

(2) 开机无任何显示。

① 电池失效：充电仍无效则送修，更换电池。

② 保险丝断或开关故障：更换保险丝或开关。

③ 其他：送修。

4) 注意事项

(1) 在用户购入新机时应仔细阅读使用说明书。

(2) 长期不用时，请至少 2 个月充电一次，方法同上，并使底部开关置于关的位置，以保持电池不发生过放电而损坏。

(3) 本产品采用液晶显示，应置于光线充足处使用，若在光线不足或夜间无照明处使用，请使用本产品系列中带有背光的液晶显示电子计价秤。

(4) 在秤台上加重物时应避免撞击。

(5) 严禁用强溶剂如苯和丙酮等擦拭表面，否则会导致表面严重损坏。

(6) 外壳清洗应用干、湿布擦拭，严禁用水冲。

(7) 不能将本秤与大功率的设备共用一条供电线路，因为大功率设备启动时会影响称量。

(8) 在质量窗显示为零时金额窗如显示“—Lb—”，表示电池电压不足，此时电池短时间内还可使用，但应尽快插上交流电插头对电池充电，建议每次充电时间大于12 h。当电池充满电后，可将交流电源断开使用。

参考文献

[1] 倪光正. 工程电磁场原理[M]. 2版. 北京：高等教育出版社，2009.

[2] 倪光正，杨仕友，邱捷，等. 工程电磁场数值计算[M]. 2版. 北京：机械工业出版社，2010.

[3] 谢宝昌. 电磁能量[M]. 北京：机械工业出版社，2016.

[4] 赵玲玲，杨亮，张玉玲，等. 电磁场与微波仿真实验教程[M]. 北京：清华大学出版社，2017.

[5] 郑宏兴，张志伟. 电磁场与微波工程实验指导书[M]. 武汉：华中科技大学出版社，2020.

[6] 赵彦珍，应柏青，陈锋，等. 电磁场实验、演示及仿真[M]. 2版. 西安：西安交通大学出版社，2017.

[7] 卡兰塔罗夫，采依特林. 电感计算手册[M]. 陈汤铭，刘保安，罗应立，等，译. 北京：机械工业出版社，1992.

[8] 熊素铭，倪培宏，杨仕友，等. 电磁起重力专题的实验研究[J]. 电气电子教学学报，2013，35(10)：56－58+61.

[9] 陈梅莲，于建均，刘琦，等. 基于Matlab实时控制的磁浮球系统的实验研究[J]. 实验技术与管理，2012，29(5)：31－32.

[10] 王慧娟，李琳. 磁悬浮实验分析[J]. 电气电子教学学报，2014，36(6)：100－103.

[11] 刘保义，张明霞. 圆环电流在全空间形成的磁感应强度分布[J]. 天水师范学院学报，2009，29(2)：64－66.

[12] SCHILL R A. General Relation for the Vector Magnetic Field of a Circular Current Loop：A Closer Look. IEEE TRANSACTIONS ON MAGNETICS，200，39(2)：961－967.

[13] 李永平，张帆. 环形电流的磁场分布[J]. 济南大学学报，1998(4)：61－64.

[14] 曾令宏，张之翔. 圆环电流的磁场以及两共轴圆环电流之间的相互作用力[J]. 大学物理，2002(9)：14－16+41.

[15] 周凌燕，陈钢，郑洁梅. 电像法求解线电荷与带有半圆柱凸起的接地平板导体形成的电势和电场[J]. 大学物理，2013，32(1)：14－17.

[16] 孙健. 静电除尘器离子输运特性与测量方法研究[D]. 大连海事大学，2007.

[17] 陈文峰，胡先权. 虚位移法求解电磁场力[J]. 重庆师范大学学报（自然科学版），2010，27(5)：62－65.
[18] 张友鹏，田铭兴. 基于 MATLAB/PDEtool 的轴对称场分析[J]. 铁道学报，2005(1)：124－127.
[19] 姜智鹏，赵伟，屈凯峰. 磁场测量技术的发展及其应用[J]. 电测与仪表，2008(4)：1－5＋10.
[20] 潘启军，马伟明，赵治华，等. 磁场测量方法的发展及应用[J]. 电工技术学报，2005(3)：7－13.